高等职业教育工程造价专业"十三五"规划系列教材

U0296973

房屋建筑与装饰工程计量与计价实训指南

主　编　夏友福　　李晓璠

副主编　吕秋萍　　蒋璐蔚

参　编　郭凯颖　　李柱梅　　李　行

　　　　　李　越　　刘　清　　宋　洁

　　　　　孙俊玲　　夏　泉　　鱼路焕

　　　　　张必超　　张晓燕　　薛欣玲

　　　　　董亚杰

西南交通大学出版社

·成　都·

内容简介： 本书是与《房屋建筑与装饰工程计量与计价》（夏友福主编）配套的实训教材，按照《建设工程工程量清单计价规范（GB 50500—2013）》《房屋建筑与装饰工程工程量计算规范（GB 50854—2013）》及《房屋建筑与装饰工程消耗量定额（DBJ53/T-61—2023）》等规范及定额，以项目带动任务的模式编写。书中既注重建筑工程计量与计价，又注重建筑工程计费，并按营改增计算工程费用，内容涵盖了建筑工程造价费用实训、建筑面积计算实训、土石方工程造价计算实训等 18 个实训项目。

本书可作为工程造价、建筑工程技术、建设工程监理、建设工程管理、建筑设计专业及其他相关建筑类专业的高职高专教材，亦可作为土建类相关专业工程技术人员的参考用书。

图书在版编目（ＣＩＰ）数据

房屋建筑与装饰工程计量与计价实训指南／夏友福，李晓璠主编. —成都：西南交通大学出版社，2016.9
ISBN 978-7-5643-5066-6

Ⅰ．①房… Ⅱ．①夏… ②李… Ⅲ．①建筑工程 – 工程造价 – 指南②建筑装饰 – 工程造价 – 指南 Ⅳ.
①TU723.3-62

中国版本图书馆 CIP 数据核字（2016）第 235537 号

房屋建筑与装饰工程计量与计价实训指南
主编　夏友福　李晓璠

责 任 编 辑	曾荣兵	
封 面 设 计	墨创文化	
出 版 发 行	西南交通大学出版社 （四川省成都市二环路北一段 111 号 西南交通大学创新大厦 21 楼）	
发 行 部 电 话	028-87600564　028-87600533	
邮 政 编 码	610031	
网　　　　址	http://www.xnjdcbs.com	
印　　　　刷	四川森林印务有限责任公司	
成 品 尺 寸	185 mm×260 mm	
印　　　　张	8	
字　　　　数	200 千	
版　　　　次	2016 年 9 月第 1 版	
印　　　　次	2016 年 9 月第 1 次	
书　　　　号	ISBN 978-7-5643-5066-6	
定　　　　价	20.00 元	

前　言

本书是职业院校高职高专工程造价、建筑工程技术、建设工程监理、建设工程管理、建筑设计专业及其他相关建筑类专业的教材，是按照《建筑工程建筑面积计算规范（GB/T 50353—2013）》《建设工程工程量清单计价规范（GB 50500—2013）》、《房屋建筑与装饰工程工程量计算规范（GB 50854—2013）》、《关于印发（建筑安装工程费用组成项目）的通知》（建标〔2012〕44 号文）、《某省房屋建筑与装饰工程消耗量定额（DBJ53/T-61—2013）》及《2016 年营改增办法》等，组织建筑企业工程技术人员参与编写的，并将实际工作中所需的技能与知识引入教材，深度参与教学环节，使人才技能培养更加准确有效。书中既注重建筑工程计量与计价，又注重建筑工程计费，并按营改增计算工程费用。本书以真实项目为载体，以工程造价岗位工作过程为导向，以工作流程、技能目标、教与学、学与做、实战训练的课程为特点，采取"项目-任务 + 技能"模式的编排顺序层层递进，实现了教学内容与工作过程的有机融合，使其更适合职业院校高职高专土建类专业在校学生的相关教学技能训练。

本书从职业院校高职高专学生的实际情况出发，以"工学结合"、理论上够用为度；以项目驱动任务，以任务带动技能；以就业为导向，以实践技能为核心作为教材的指导思想，倡导以学生为主体；以实际工程案例为基础，以建筑产品形成工作为主线的培养理念，结合工程造价实际工作的要求，根据 2013 版《房屋建筑与装饰工程消耗量定额》精心编排了教学实训内容，力求做到实际工作如何做，书就如何写；工程造价的实际工作有什么要求，对学生也提出同样的要求。因此，书中所选用的定额、图纸、规范、介绍的方法都与工程造价的实际工作保持一致，做到"教""学""做"融为一体。

本书技能实训内容紧密结合分部分项工程实践，每一个技能实训项目就是一项分项工程的工程造价计算，例如土方工程、挡土墙工程、砌筑工程、打桩工程、预制混凝土工程等的造价费用计算。这些分部分项工程项目虽小，却是我们职业院校高职高专学生出去经常遇到的实际工程项目。书中的每一个技能实训项目，学生所做的练习包括看图纸、项目列项、工程量计算、套用定额计算工程费、计算各项费用。通过这样举一反三的练习，帮助学生温故知新，使学生在学校期间就能较好地掌握实际工作中的做法，真正达到"学以致用"的目标。

本书力求做到"易学易懂"，深入浅出、行文通俗、图文并茂，大量举例。预算应该是一门应用性的学科，一般而言它不需要高深的理论、复杂的数学公式，不应该将它弄得深奥复杂。对于职业院校高职高专学生而言，应以理论上够用为度，重在对规则、规定的理解和掌握。工程造价是建设工程项目管理诸多因素中最活跃者，随着市场经济的发展和不断完善，工程造价的理论以及计价方式、计算规则和规定等都在不断更新。"易学易懂、内容新颖和结合本地具体情况"，这便是本书编写的宗旨。使用通俗易懂的语言，绘制较多的图样，列举大量的例题，结合 2013 定额讲述房屋建筑与装饰工程计量与计价的基本规则和规定，是本书的特点。

本书由云南经贸外事职业学院夏友福和昆明冶金高等专科学校李晓璠任主编，由云南交通职业技术学院蒋璐蔚和大理建筑工程学校吕秋萍任副主编。具体编写分工如下：项目 1 和项目 5 由夏友福编写，项目 2 由郭凯颖和宋洁编写，项目 3 由张晓燕和李越编写，项目 4 由夏泉（中国电建昆明勘察设计研究院）编写，项目 6 由李柱梅，项目 7、13、14、15 由张必超（容众造价咨询有限公司）编写，项目 8 由孙俊玲编写，项目 9 由蒋璐蔚编写，项目 10 由鱼路焕编写，项目 12 由刘清编写，项目 11 和项目 16 由吕秋萍编写，项目 17 由李晓璠编写。由薛欣玲、董亚杰负责全书的整理及校对工作。全书由夏友福统稿。

本书在编写过程中参阅了大量文献，在此向相关作者表示衷心的感谢。

由于编写时间仓促，加之编者水平有限，书中难免有不足之处，敬请同行专家和广大读者批评指正。

编　者
2016 年 5 月

目 录

项目 1 　建筑工程费用计算实训

1.1 　建筑工程费用计算实训资料

　　已知某一建筑工程，定额工程费用为 12 500 000.00 元，其中：定额人工费为 3 312 500.00 元，定额材料费为 6 500 000.00 元，除税机械费为 2 687 500.00 元。经双方商定，大型机械进退场费按 7.8 万元计算，工程承包费按工程直接费的 0.8% 计算，人工费调差按工程人工费的 15%，风险费按工程费的 1.2% 计算，增值税计税系数为 11.30%，工程排污费按实计算为 12.2 万元，施工地区平均海拔为 3 150 m。本工程计划工期为 360 日历天，计划开工日期为 2016 年 6 月 20 日。工程质量要求为符合国家验收标准。计算出完成该建筑工程所需的工程费用。

1.2 　建筑工程费用计算实训目的要求

　　1. 要求完成建筑工程的管理费和利润的计算。
　　2. 要求完成建筑工程措施项目的计算。
　　3. 要求完成建筑工程其他项目费的计算。
　　4. 要求完成建筑工程规费的计算。
　　5. 学会建筑工程项目的造价计算。

1.3 　实训方法步骤

　　1. 建筑工程管理费和利润的计算，详见表 1-1。

表 1-1 　管理费和利润计算

序号	工程名称	计算基础	计算基数	计算费率	金额/元
1	管理费和利润				
1.1	管理费	(人工费＋机械费× 0.08)×费率	(3 312 500＋2 687 500.00× 0.08)×费率	33%	1 164 075.00
1.2	利润			20%	705 500.00
合　计					1 869 575.00

注：管理费和利润可以分别计算，也可以用(人工费＋机械费×0.08)×0.53 一次计算。

2. 建筑工程措施项目的计算，详见表1-2。

表 1-2　建筑工程的措施项目计算

序号	费用名称	计算基数或计算表达式	费率计算标准	费用金额/元
2	措施项目费	$(R+J\times0.08)\times$　%	%	
2.1	单价措施项目			
2.1.1	人工费			
2.1.2	材料费			
2.1.3	机械费			
2.1.4	管理费和利润			
2.1.5	大型机械进出场费			78 000.00
2.2	总价措施项目费			
2.2.1	安全文明施工费			
	（1）保护环境、施工安全、文明施工费	$(R+J\times0.08)\times10.17\%$	10.17%	358 746.75
	（2）临时设施工费	$(R+J\times0.08)\times5.48\%$	5.48%	193 307.00
	冬雨季施工费、工具使用费、工程复测费、场地清理费	$(R+J\times0.08)\times5.95\%$	5.95%	209 886.25
2.2.2	其他总价措施项目费（特殊地区施工增加费）	$(R+J)\times15\%$ 施工地区海拔$>3\,000$ m、$\leqslant3\,500$ m的地区，费率为15%	15%	900 000.00
3	合　计			1 739 940.00

注：本表的单价措施项目费已经包括在建筑工程管理费和利润费中，这里不再计算。

3. 完成建筑工程其他项目费的计算，详见表1-3。根据实际情况，逐项填写，未发生的项目不计算、不填写。（风险费按工程费的1.2%计算）其余费用不计算。

表 1-3　建筑工程其他项目费费计算表

序号	费用名称	计算基数或计算表达式	金额/元	结算金额/元	备　注
1	暂列金额				
2	专业工程暂估价				
2.1	材料（工程设备）暂估价/结算价				
2.2	专业工程暂估价/结算价				
3	计日工				
4	总承包服务费	工程费×0.8%		12 500 000.00× 0.008＝100 000.00	双方商定

续表

序号	费用名称	计算基数或计算表达式	金额/元	结算金额/元	备　注
4.1	按专业分包工程费	按分包专业工程造价×1.5%			暂不计算
4.2		按分包专业工程造价×3%~5%			暂不计算
4.3	发包人提供材料	按提供材料价值×1%			暂不计算
5	其他				
5.1	人工费调差	人工费×15%		496 875.00	
5.2	机械费调差				
5.3	风险费			150 000.00	按工程费1.2%计算
5.4	索赔与现场签证				
	合　计			746 875.00	

4. 完成建筑工程规费、税金项目（暂不计算）计价表的计算，详见表 1-4。

表 1-4　建筑工程规费、税金项目计价

序号	工程名称	计算基础	计算基数	计算费率	金额/元
1	规　费				
1.1	社会保险费、住房公积金、残疾人保证金	工程人工费＋措施项目人工费	3 312 500	26%	861 250.00
1.2	危险作业意外伤害			1%	33 125.00
1.3	工程排污费	按有关规定或题给条件计算			122 000.00
2	税　金	暂不计算			
	合　计				1 016 375.00

注：工程排污费按工程用水量×水的单价计算。

5. 完成该建筑工程费用的计算，详见表 1-5。本表的计算，有的项目可以直接抄录有关表格的数据，如人工费、材料费、机械费、管理费和利润；有的项目则需要进行计算，将结果填入表 1-5。

表 1-5　建筑工程造价费用计算表

序号	费用名称	计算基数或计算表达式	费率计算标准	费用金额/元
1	分部分项工程费	(1.1+1.2+1.3+1.4+1.5)	除税工程费	14 369 575.00 (13 797 575.00)
1.1	人工费	$(R) =$		
1.2	材料费	$(C) = (1.2.1+1.2.2)$		

序号	费用名称	计算基数或计算表达式	费率计算标准	费用金额/元
1.2.1	除税材料费	定额材料费 × 0.912	6 500 000.00 × 0.912	
1.2.2	市场价格材料费			
1.3	设备费	(S)		
1.4	机械费	$(J) = 2\ 687\ 500.00$		
1.4.1	除税机械费	$(J) =$		
1.5	管理费和利润	$(R + J \times 0.08) \times 53\%$	$(33 + 20)\%$	
2	措施项目费	$(2.1.1 + 2.1.2 + 2.1.3 + 2.1.4 + 2.1.5 + 2.2 + 2.1.2.1 + 2.1.3 + 2.2)$		
2.1	单价措施项目			
2.1.1	人工费			
2.1.2	材料费			
2.1.2.1	除税材料费			
2.1.2.2	市场价格材料费			
2.1.3	机械费			
	除税机械费			
2.1.4	管理费和利润			
2.1.5	大型机械进出场费			
2.2	总价措施项目费	$(R + J \times 0.08) \times 7.95\%$	$(2 + 5.95)\%$	
2.2.1	安全文明施工费	$(R + J \times 0.08) \times$　%		
2.2.2	其他总价措施项目费	$(R + J) \times$　%	%	
3	其他项目费	$(3.1 + 3.2 + 3.3 + 3.4 + 3.5)$		
3.1	暂列金额			
3.2	专业工程暂估价			
3.3	计日工			
3.4	总承包服务费			
3.5	其　他	$(3.5.1 + 3.5.2 + 3.5.3)$		
3.5.1	人工费调差	定额人工费 × 15%	15%	
3.5.2	材料费价差			
3.5.3	机械费价差			

续表

序号	费用名称	计算基数或计算表达式	费率计算标准	费用金额/元
4	规　费			
	税前工程造价	(1+2+3+4)		
5	税　金	(1+2+3+4)×　　　%		
6	招标控制价/投标报价合计＝1+2+3+4+5			

本表由学生计算完成，作为实训报告。

注1：税前工程造价，是指工程造价的各组成要素价格不含增值税（即可抵扣的进项税税额）的全部价款，即人工费、材料费（计价材费＋未计价材费）、机械费和各种费用中扣除相应进项税税额后计算的价款。

注2：除税计价材料费计算

除税计价材料费＝单价定额工程量×计价材料费单价×0.912

按市场价采购的材料费＝单价定额工程量×计价材料费单价

注3：增值税综合税金费率为：$\begin{cases} \text{市区：11.36\%} \\ \text{县城/镇：11.30\%} \\ \text{其他地区：11.18\%} \end{cases}$　营业税综合税金费率为：$\begin{cases} \text{市区：3.48\%} \\ \text{县城/镇：3.41\%} \\ \text{其他地区：3..28\%} \end{cases}$

项目 2　建筑面积计算实训

2.1　建筑面积计算实训资料

1. 已知某一建筑小区，小区建筑用地总面积为 82.25 亩（54 836.08 m²），设计建筑面积为 224 827.91 m²，绿化面积为 21 934.43 m²，小区道路及消防通道面积为 3 290.17 m²，建筑物底层面积为 29 611.48 m²，公用建筑面积为 20 234.51 m²，该小区的建筑绿化率（%）、建筑密度（%）、建筑容积率、公摊面积指标（%）各为多少？

2. 某建筑物底层平面图如图 2-1 所示，墙厚均为 240 mm，轴线坐中。计算该建筑物底层建筑面积。

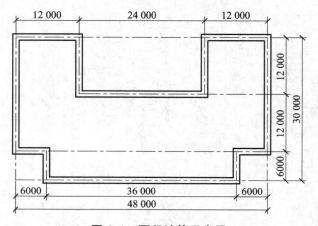

图 2-1　面积计算示意图

3. 某建筑物底层平面图如图 2-2 所示，墙厚均为 240 mm，轴线坐中。计算该建筑物的底层建筑面积。

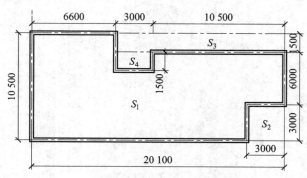

图 2-2　面积计算示意图

4. 已知某房屋的阳台如图 2-3 所示, 图 (a) 为开放式挑阳台, 图 (b) 为封闭式凹阳台。图 2-3 (a) 中 $L=4.2\,\text{m}$, $B=1.5\,\text{m}$, 图 2-3 (b) 中 $L=4.6\,\text{m}$, $B=1.6\,\text{m}$。图 2-3 (a)、(b) 中建筑面积各是多少?

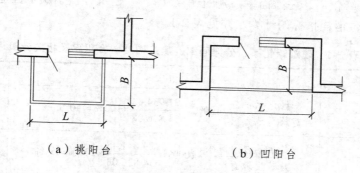

(a) 挑阳台　　　　　　　(b) 凹阳台

图 2-3　面积计算示意图

5. 某 7 层建筑物的各层建筑面积一样, 底层外墙尺寸如图 2-4 所示, 墙厚均为 240 mm, (轴线坐中)。计算该建筑物的建筑面积 (保留两位小数)。

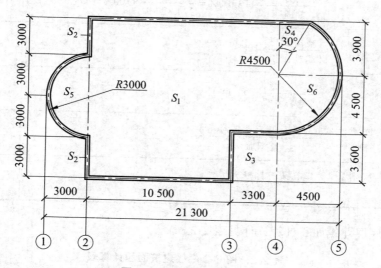

图 2-4　面积计算示意图

2.2　建筑面积计算实训目的要求

1. 学会和掌握建筑面积计算的原则及规则。
2. 要求完成建筑小区绿化率、建筑密度 (%)、公摊面积率 (%) 的计算。
3. 学会建筑小区建筑容积率及单位造价、人工单位消耗指标、材料单位消耗指标的计算。
4. 学会不规则建筑物的建筑面积的计算方法。
5. 完成建筑物阳台建筑面积的计算。

2.3 实训方法步骤

1. 建筑小区绿化率、公摊面率、建筑密度（%）、建筑容积率及单位造价、人工单位消耗指标、材料单位消耗指标的计算，详见表2-1。

表 2-1 建筑绿化率、公摊面率、建筑密度、容积率及相关计算表

序号	名　　称	计算公式	计算值	备　注
1	建筑绿化率	$\dfrac{绿化面积}{建筑用地面积} \times 100\% = \dfrac{21\,934.43}{54\,836.08} \times 100\% = 40\%$	40%	
2	建筑密度	$\dfrac{建筑底层占地面积}{建筑用地面积} \times 100\% = \dfrac{29\,611.48}{54\,836.08} \times 100\% = 54\%$	54%	
3	建筑容积率	$\dfrac{建筑面积}{建筑用地面积} = \dfrac{224\,827.91}{54\,836.08} = 4.1$	4.1	
4	公摊面率	$\dfrac{公用建筑面积}{建筑面积} \times 100\% = \dfrac{20\,234.51}{224\,827.91} \times 100\% = 9\%$	9%	
5	辅助面积指标	$\dfrac{辅助面积}{建筑面积} \times 100\%$		暂不计算
6	单位造价	$\dfrac{工程总造价}{建筑面积}$（元/m²）		暂不计算
7	人工单位消耗指标	$\dfrac{工程人工工日总消耗量}{建筑面积}$		暂不计算
8	材料单位消耗指标	$\dfrac{工程某种材料总消耗量}{建筑面积}$（元/m²）		暂不计算

2. 图2-1底层建筑面积计算，详见表2-2。

表 2-2　图 2-2 底层建筑面积计算表

序号	名　　称	计算公式	计算值/m²	备　注
1	按规则面积计算	$A = (长度 + 0.240\,\text{m}) \times (宽度 + 0.240\,\text{m})$ $= 48.24 \times 30.24 = 1\,458.78\ (\text{m}^2)$	1 458.78	按规则图形计算整个面积
2	扣除面积 S_1	$23.76 \times 12 = 285.12\ (\text{m}^2)$	258.12	扣除面积
3	扣除面积 S_2	$6 \times 6 \times 2 = 72.00\ (\text{m}^2)$	72.00	扣除积2块相同面
4	底层建筑面积	$S_{底建} = 1\,458.78 - 285.12 - 72.00$ $= 1\,128.66\ (\text{m}^2)$	1 101.66	建筑物底层面积

3. 图2-2底层建筑面积计算，详见表2-3。

表 2-3　图 2-2 底层建筑面积计算表

序号	名 称	计算公式	计算值/m²	备 注
1	按规则面积计算	$S = 长度 \times 宽度 = (20.100 + 0.240) \times (9.000 + 0.240)$ $= 187.942 \ (\text{m}^2)$	187.942	按规则图形计算整个面积
2	扣除面积 S_2	$3 \times 3 = 9 \ (\text{m}^2)$	9	扣除面积 S_2
3	扣除面积 S_3	$13.5 \times 1.5 = 20.25 \ (\text{m}^2)$	20.25	扣除面积 S_3
4	扣除面积 S_4	$2.76 \times 1.5 = 4.14 \ (\text{m}^2)$	4.14	扣除面积 S_4
6	底层建筑面积 S_1	$S_1 = S - S_2 - S_3 - S_4 = 187.94 - 9 - 20.25 - 4.14$ $= 154.55 \ (\text{m}^2)$	154.55	建筑物底层面积

4. 图 2-3 阳台面积计算，详见表 2-4。

表 2-4　图 2-3 阳台面积计算表

序号	名 称	计算公式	计算值/m²	备 注
1	图 2-4（a）面积计算	$L = 4.2 \ \text{m}$，$B = 1.5 \ \text{m}$，$S = (4.2 \times 1.5) \div 2 = 3.15 \ (\text{m}^2)$	3.15	在结构主体外，按二分之一计算建筑面积
2	图 2-4（6）面积计算	$L = 4.6 \ \text{m}$，$B = 1.6 \ \text{m}$，$S = (4.6 \times 1.6) = 7.36 \ (\text{m}^2)$	7.36	在结构主体内，按全面积计算建筑面积

5. 图 2-4 某 7 层不规则建筑面积计算，详见表 2-5。

表 2-5　图 2-4 某 7 层不规则建筑面积计算表

序号	名 称	计算公式	计算值/m²	备 注
1	②、④轴线间矩形面积	$S_1 = 13.8 \times 12.24 = 168.912 \ (\text{m}^2)$		
2	增加面积 S_2	$S_2 = 3 \times 0.12 \times 2 = 0.72 \ (\text{m}^2)$		
3	扣除面积 S_3	$S_3 = 3.6 \times 3.18 = 11.448 \ (\text{m}^2)$		
4	增加三角形 S_4 面积	$S_4 = 0.12 \times 2.25 + 2.25 \times 2.25\sqrt{3} \times 1/2 = 4.654 \ (\text{m}^2)$		
5	增加半圆 S_5 面积	$S_5 = 3.14 \times 3.12^2 \times 0.5 = 15.283 \ (\text{m}^2)$		
6	增加扇形 S_6 面积	$S_6 = 3.14 \times 4.62 \times 150 \div 360 = 27.926 \ (\text{m}^2)$		
7	底层建筑面积	$S = S_1 + S_2 - S_3 + S_4 + S_5 + S_6$ $= 168.912 + 0.72 - 11.448 + 4.654 + 15.283 + 27.926$ $= 206.047$ $= 206.047 \ (\text{m}^2)$		
8	1~7 层建筑面积	$206.047 \times 7 = 1 \ 442.33 \ (\text{m}^2)$		

6. 问题与讨论：图 2-5 中两栋房屋的门厅前的雨篷面积如何计算，你认为应该怎样计算它们的面积？图（a）中雨篷半径为 1.8 m，图（b）中雨篷长度为 4.8 m，宽度为 3.6 m。

（a）   （b）

图 2-5

项目 3 土石方工程造价计算实训

3.1 土石方分项工程实训资料

已知图 3-1 中的某一独立土方工程, 土壤类型为三类。土方工程数据如下: 基坑底部长度为 256 m, 底部宽度为 183 m, 基坑挖深为 6.5 m, 设计要求: 设计边坡比为 1:0.5, 为加快工程施工进度采用挖掘机挖土、装载机装土、自卸汽车运土。土方运距设计为 7 km, 经双方商定, 大型机械进退场费按 4.8 万元计算, 工程排污费按 6.2 万元计算, 工程承包费按 6.8 万元计算。人工费调差按工程人工费的 15% 计算, 风险费按工程费的 1.5% 计算, 完成该独立土方工程数量计算, 并计算出该独立土方工程的工程造价。

图 3-1 独立土方开挖示意图

3.2 独立土石方分项工程实训目的要求

1. 熟悉独立土石方工程的清单工程量计算的方法与步骤。
2. 熟悉独立土石方工程项目清单与计价表的计算方法。
3. 熟悉独立土石方工程项目某省土石方工程相关消耗量定额表的应用。
4. 要求完成独立土石方工程项目的综合单价分析表的计算。
5. 要求完成土石方工程项目的各种费用的计算。
6. 完成土石方工程项目的造价计算。

3.3 实训方法步骤

1. 独立土石方工程列项。由图 3-1 可知，该独立土石方工程清单列项为机械挖土方，清单编号为 010101002001，清单单位符号为 m^3。

定额列项可分为：

（1）机械挖土方，按总工程量的 95% 计算，定额编号为 01010047，定额单位 1 000 m^3。

（2）人工挖土方，按总工程量的 5% 计算，定额编号为 01010001，定额单位 100 m^3。

（3）装载机装土，定额编号为：01010095，定额单位 1 000 m^3。

（4）自卸汽车运土方，运距为 1 km，定额编号为 01010104，定额单位 1 000 m^3。

（5）自卸汽车运土方，运距为每增加 1 km，定额编号为 01010105，定额单位 1 000 m^3。

列项项目详见表 3-1。

2. 独立土石方清单工程量计算，详见表 3-1。

表 3-1 独立土石方工程量计算表

序号	项目编号	项目名称	单位	数 量	计 算 式
1	010101 002001	机械挖土方	m^3	298 161.81	$(256+6.5\times0.5)\times(183+6.5\times0.5)\times6.5\times0.95$ $=298\ 161.81\ (m^3)$
		人工挖土方	m^3	15 692.73	$(256+6.5\times0.5)\times(183+6.5\times0.5)\times6.5\times0.05$ $=15\ 692.73\ (m^3)$
		装载机装土	m^3	343 854.53	$(256+6.5\times0.5)\times(183+6.5\times0.5)\times6.5$ $=313\ 854.53\ (m^3)$
		自卸汽车运土	m^3	343 854.53	$(256+256\times0.5)\times(183+183\times0.5)\times6.5$ $=313\ 854.53\ (m^3)$

3. 选择计价依据。

根据某省《房屋建筑与装饰工程消耗量定额》表中的土石方工程相关消耗量定额表，查出土石方工程相关消耗量定额的人工费、材料费、机械费的单价，如表 3-2 所示，并填入表 3-2。在表 3-2 的机械费栏目中分为机械费（含税价）及机械费（除税价）两栏。机械费（除税价）在（×建〔2016〕207 号文）的附件 2 中查询。

表 3-2 某省土石方工程相关消耗量定额表

定额编号	01010001	01010047	01010095	01010104	01010105
项目名称	人工挖土方 三类土	挖掘机挖土	装载机装土	自卸汽车运土(运 1 km)	汽车运土(增 1 km)
单 位	100 m^3	1 000 m^3	1 000 m^3	1 000 m^3	1 000 m^3
基价/元	1 689.11	2 900.39	2 107.09	13 218.52	1 682.00

其中	人工费		1 689.11	344.95	383.28	766.56	—
	材料费		—		—	76.20	—
	机械费（含税价）		—	2 555.44	1 723.81	12 384.76	1 682.0
	机械费（除税价）		—	2 246.00	1 509.72	10 892.58	1 477.05
	名　称	单位	单价/元	数　量			
材料	水	m³	5.6	—	—	12.000	
机械	挖掘机（综合）	台班	1 192.749 0	2.000			
	履带式推土机	台班	849.82	—	0.200	2.235	
	轮式装载机（综一）	台班	666.85		2.585	2.900	
	自卸汽车	台班	637.12			12.960	2.640
	洒水车	台班	490.78			0.600	

4. 土石方工程综合单价分析表的计算。根据表 3-2 中查出的项目定额单位，人工费、材料费、机械费的单价，分别填入表 3-3（表 3-2 的单位与表 3-3 不同，填入时要注意工程量清单的单位与定额单价的统一性）。土石方工程综合单价分析计算在表中人、材、机的相应单价栏内，并计算出该土石方工程的人工费、材料费、机械台班费的合价、管理费和利润、综合单价，详见表 3-3。

表 3-3　土石方工程综合单价分析表

编号	项目编码	项目名称	计量单位	工程量	定额编号	定额名称	定额单位	数量	基价-人工	基价-材料费	基价-机械费	未计价材料费	合价-人工费	合价-材料费+未计价材料费	合价-机械费	合价-管理费和利润	综合单价
1	010101002001	挖一般土方	m³	15 692.73	01010001	人工挖土方	1 00 m³	0.010	1 689.11	—	—	—	0.77	—	—	0.31	1.08
		人工坑土方		298 161.81	01010047	挖掘机挖土	1 000 m³	0.001	3 44.95	—	2 246.00	—	0.30	—	1.95	0.18	2.43
		装载机装土		343 854.53	01010095	装载机装土	1 000 m³	0.001	383.28	—	1 509.72	—	0.38	—	1.51	0.20	2.09
		自卸汽车运土		343 854.53	01010104	汽车运土	1 000 m³	0.001	766.56	76.20	10 892.58	—	0.77	0.08	10.89	0.66	12.40
		自卸汽车运土		343 854.53	01010105换	汽车运土	1 000 m³	0.001			8 862.30				8.86	0.28	9.14
							小　计						2.22	0.08	23.21	1.63	27.14

注 1：人工挖土合价 = 1 689.11 ÷ 100 × 15 692.73 ÷ 343 854.53 = 0.77 元/m³

机械挖土合价 = 344.95 ÷ 1 000 × 298 161.81 ÷ 343 854.53=0.30 元/m³

其他几项的计算，由于单位、数量都与清单相同，只要将小数点移动 3 位就是每立方米清单的合价了。

注 2：合价 = 单价 × 数量

独立土石方工程的管理费按（人工费 + 机械费 × 0.08）的 25% 计算，利润按（人工费 + 机械费 × 0.08）的 15% 计算。即

管理费和利润 = (人工费 + 机械费 × 0.08) × (0.25 + 0.15)

$$综合单价 = \frac{\sum 人工合价 + \sum 材料合价 + \sum 机械合价 + \sum 管理费和利润}{清单工程量}$$

综合单价 = 人工费 + 材料费 + 机械费 + 管理费和利润

5. 土石方工程清单与计价表的计算，详见表 3-4。根据工程量、综合单价，计算出合价、人工费、机械费、暂估价。

表 3-4　土石方工程量清单与计价表

序号	项目编号	项目名称	项目特征描述	计量单位	工程量	金额/元				
						综合单价	合　价	其　中		
								人工费	机械费	暂估价
1	010101 002001	挖一般土方	1. 土壤类别 2. 挖土深度 3. 弃土运距	m³	343 854.53	27.14	9 332 211.94	763 357.06	8 018 687.61	
合　计							9 332 211.94	763 357.06	8 018 687.61	

注：合价 = 综合单价 × 数量

　　人工费 = 单价 × 数量

　　机械费 = 单价 × 数量

　　人工费、机械费的单价：表 3-3 人工费、机械费中的合价。

6. 完成土石方工程的规费、税金项目（暂不计算）计价表的计算，详见表 3-5。

7. 完成土石方工程其他项目计价表的计算，详见表 3-6。根据实际情况，逐项填写，未发生的项目不计算、不填写。（经过双方约定风险费按工程费的 1.5% 计算）其余费用不计算。

表 3-5　土石方工程规费、税金项目计价

序号	工程名称	计算基础	计算基数	计算费率	金额/元
1	规　费				
1.1	社会保险费、住房公积金、残疾人保证金	工程人工费 + 措施项目人工费	763 357.06	26%	198 472.84
1.2	危险作业意外伤害			1%	7 633.57
1.3	工程排污费	按实计算			62 000.00
2	税　金	暂不计算			
合　计					268 106.41

注：工程排污费按工程用水量 × 水的单价计算。

表 3-6 土石方工程其他项目计价表

序号	工程名称	金额/元	结算金额/元	备注
1	暂列金额			
2	暂估价			
2.1	材料（工程设备）暂估价/结算价			
2.2	专业工程暂估价/结算价			
3	计日工			
4	总承包服务费		68 000.00	
5	其　他			
5.1	人工费调差		763 357.06×15% = 114 503.56	按人工费的 15%计算
5.2	机械费调差			
5.3	风险费		9 332 211.94×1.5% = 139 983.18	按工程费的 1.5%计算
5.4	索赔与现场签证			
	合　计		322 486.74	

8. 完成该土石方工程招标控制价表的计算，详见表 3-7。本表的计算，有的项目可以直接抄录有关表格的数据，如人工费、材料费、机械费、管理费和利润；有的项目则需要进行计算，将结果填入表 3-7。

表 3-7 土石方工程招标控制价/投标报价汇总表

序号	费用名称	计算基数或计算表达式	费率计算标准	费用金额/元
1	分部分项工程费	$(1.1+1.2+1.3+1.4+1.5)$		（9332211.94）
1.1	人工费	$(R) = 763\ 357.06$		（ －2420.74 ）
1.2	材料费	$(C) = 27\ 508.36$		
1.2.1	除税材料费	定额材料费×0.912	27 508.36×0.912	25 087.63
1.2.2	市场价格材料费			
1.3	设备费	(S)		
1.4	机械费	$(J) =$		
1.4.1	除税机械费	$(J) = 8\ 018\ 687.61$		
1.5	管理费和利润	$(R + J \times 0.08) \times 40\%$	40%	561 940.83
2	措施项目费	$(2.1.1+2.1.2+2.1.3+2.1.4+$ $2.1.5+2.2+2.1.2.1+2.1.3+\ 2.2)$		

序号	费用名称	计算基数或计算表达式	费率计算标准	费用金额/元
2.1	单价措施项目			
2.1.1	人工费			
2.1.2	材料费			
2.1.2.1	除税材料费			
2.1.2.2	市场价格材料费			
2.1.3	机械费			
	除税机械费			
2.1.4	管理费和利润			
2.1.5	大型机械进出场费			48 000.00
2.2	总价措施项目费	$(R+J\times0.08)\times7.95\%$	$(2+5.95)\%$	111 685.74
2.2.1	安全文明施工费	$(R+J\times0.08)\times\quad\%$		
2.2.2	其他总价措施项目费	$(R+J)\times\quad\%$	%	
3	其他项目费	$(3.1+3.2+3.3+3.4+3.5)$		(322 486.74)
3.1	暂列金额			
3.2	专业工程暂估价			
3.3	计日工			
3.4	总承包服务费			68 000.00
3.5	其 他	$(3.5.1+3.5.2+3.5.3)$		
3.5.1	人工费调差	定额人工费×15%	15%	114 503.56
3.5.2	材料费价差			
3.5.3	机械费价差			
4	规 费			268 106.41
	税前工程造价	$(1+2+3+4)$		
5	税 金	$(1+2+3+4)\times\quad\%$	11.30%	
6	招标控制价/投标报价合计 =1+2+3+4+5			

本表由学生计算完成,作为实训报告。

注1：税前工程造价,是指工程造价的各组成要素价格不含增值税（即可抵扣的进项税税额）的全部价款,即人工费、材料费（计价材费＋未计价材费）、机械费和各种费用中扣除相应进项税税额后计算的价款。

注2：除税计价材费计算：

除税计价材费＝单价定额工程量×计价材料费单价×0.912

按市场价采购的材料费＝单价定额工程量×计价材料费单价

注3：增值税综合税金费率为：$\begin{cases}市区：11.36\% \\ 县城/镇：11.30\% \\ 其他地区：11.18\%\end{cases}$ 营业税综合税金费率为：$\begin{cases}市区：3.48\% \\ 县城/镇：3.41\% \\ 其他地区：3..28\%\end{cases}$

项目 4 地基与桩基工程造价计算实训

4.1 工程项目实训资料

某旋挖钻孔灌注桩工程，设计桩径 1 500 mm，设计桩长 35 m，数量 100 根，C30 钢筋混凝土，设计桩顶标高低于地面 1.0 m，二级土壤，采用旋挖钻机成孔，坑口需设钢护筒，护筒顶高于地面 0.3 m，出土 40 m 内堆放，现场制作膨润土泥浆护壁，废泥浆外运 5 km（不考虑泥浆池制作、拆除），钢筋笼长 15 m（工程量共 920 t），安装采用吊焊，成桩后凿去桩头。经验证超量混凝土为 630 m³。计算出旋挖钻孔灌注桩工程量，写出定额编码及名称。完成该旋挖钻孔灌注桩的清单工程量计算、综合单价分析表计算，完成旋挖钻孔灌注桩的工程造价计算。

4.2 旋挖钻孔灌注桩工程计算实训目的要求

1. 计算出旋挖钻孔灌注桩的清单工程量。
2. 完成旋挖钻孔灌注桩工程项目的综合单价分析表的计算。
3. 完成该旋挖钻孔灌注桩工程项目计价表的计算。
4. 完成旋挖钻孔灌注桩工程项目的各种费用的计算。
5. 完成旋挖钻孔灌注桩工程项目的工程造价费用的计算。

4.3 实训方法步骤

1. 旋挖钻孔灌注桩清单工程列项。
清单项目分为：
（1）泥浆护壁成孔灌注桩，项目编号为 010302001001。
定额分为 5 项：
① 钻机成孔。
② 旋挖桩灌注混凝土。
③ 钢护筒埋设。
④ 膨润土泥浆制作。
⑤ 泥浆运输运距 5 km。

（2）钢筋笼制安，项目编号为 010515004001，清单为一项。

定额分为 2 项：

① 钢筋笼制安。

② 钢筋笼接头吊焊。

（3）凿桩头，项目编号为 010301004001，清单与定额相同，定额编号 01030194。

2. 旋挖钻孔灌注桩清单工程量计算，详见表 4-1。

表 4-1 旋挖钻孔灌注桩清单工程量计算表

序号	项目编号	项目名称	计算单位	工程量	计算式
1	010302001001	泥浆护壁成孔灌注桩	m	3600	$(35+1.0)\times100=3\ 600$ (m)
		旋挖桩灌注混凝土	m^3	6 326.40	$(1.5/2\times)^2\times\pi\times(25+0.8)\times100=6\ 326.40$ (m^3)
		钢护筒埋设	m	300.00	$3\times100=300$ (m)
		膨润土泥浆制作	m^3	6 361.74	$(1.5/2\times)^2\times\pi\times(25+1.0)\times100=6\ 361.74$ (m^3)
		泥浆运输运距 5 km	m^3	1 908.52	$6\ 361.74\times0.3=1\ 908.52$ (m^3)
2	010515004001	钢筋笼制安	t	920.00	920.00 (t)
		钢筋笼接头吊焊	t	920.00	920.00 (t)
3	010301004001	凿桩头	m^3	53.01	$(1.5/2\times)^2\times\pi\times(0.8-0.5)\times100=53.01$ (m^3)

3. 选择计价依据。

根据某省《房屋建筑与装饰工程消耗量定额》表中的旋挖钻孔灌注桩工程相关消耗量定额表，查出旋挖钻孔灌注桩工程相关消耗量定额的人工费、材料费、机械费的单价，并填入表 4-2。在表 4-2 的机械费栏目中分为机械费（含税价）及机械费（除税价）两栏。机械费（除税价）在（×建标〔2016〕207 号文）的附件 2 中查阅。

表 4-2 某省旋挖钻孔灌注桩工程相关消耗量定额表

定额编号		01030143	01030178	01030185	01030187	01030188	01030180	01010115换	01030194
项目名称		钻机成孔	灌注混凝土	埋设钢护筒	钢筋笼制安/t	接头吊焊	泥浆制作	泥浆运输	凿桩头
		m	10 m^3	10 m		t	10 m^3	运距 5 km	m^3
基价/元		599.35	613.89	2 796.58	1 469.43	699.29	2 044.26	411.70	318.51
其中	人工费	39.86	462.49	2 274.96	762.73	163.53	115.62	21.72	318.51
	材料费	145.85	64.76	11.57	89.69	57.18	1849.56	—	—
	机械费（含税价）	413.64	85.64	510.05	617.01	478.586	79.08	389.98	—
	机械费（除税价）	364.25	79.28	466.76	545.76	429.87	76.88	353.97	—

续表

类别	名　称	单位	单价/元	数　量							
材料	混凝土 C30	m^{-3}	—	—	(10.200)	—	—	—	—	—	—
	电焊条	kg	7.50	0.070	—	—	9.120	3.000	—	—	—
	膨润土	kg	1.30	106.000	—	—	—	—	1 200.000	—	—
	铁　件	kg	4.30	0.020	—	—	—	—	—	—	—
	其他材料费	元 g	1.00	2.490	32.200	11.570	21.290	34.68	—	—	—
	水	t	5.60	0.020	2.000	—	—	—	9.000	—	—
	螺栓综合	kg⁻	—	—	(4.100)	—	—	—	—	—	—
	导　管	kg	5.62	3.80	—	—	—	—	—	—	—
	钢护筒	t	—	—	(0.049)	—	—	—	—	—	—
	I 级钢筋 φ10 以外	t	—	—	—	(0.858)	(0.028)	—	—	—	—
	I 级钢筋 φ10 以内	t	—	—	—	(0.162)	—	—	—	—	—
	黏　土	m^3	28.00	—	—	—	—	—	1.470	—	—
	烧　碱	kg	3.30	—	—	—	—	—	60.000	—	—
机械	砂浆搅拌机 200 L	台班	86.90	—	—	—	—	—	0.910	—	—
	挖孔钻机 φ1 800 以内	m	2 925.05	0.109	—	—	—	—	—	—	—
	交流弧焊机 42 kV·A	台班	174.56	—	—	—	2.240	1.280	—	—	—
	对焊机 75 kV·A	台班	165.85	—	—	—	1.260	—	—	—	—
	汽车式起重机 12 t	台班	714.69	—	—	—	—	0.357	—	—	—
	泥浆泵出口直径 100	台班	275.19	0.091	—	—	—	—	0.260	—	—
	履带式起重机 5 t	台班	157.52	—	0.550	3.238	—	—	—	—	—
	潜水泵 DN 100 mm	台班	96.51	0.707	—	—	—	—	—	—	—
	交流弧焊机 32 kV·A	台班	139.87	0.011	—	—	—	—	—	—	—
	泥浆运输车容量 4 000 L	台班	649.87	—	—	—	—	—	0.310	—	—
	其他机械费	元	1.00	—	—	—	17.020	—	—	—	—

注：机械费（除税价）的计算，如果有两种以上的机械费计算，应分别在（×建标〔2016〕207 号文）的附件 2 中查机械费（除税价）的单价在乘以表 4-7 中机械台班数量。如接头吊焊 01030188 编号的计算方法为：

汽车式起重机 12 t 时，机械费（除税价）= 635.53×0.357 = 226.88

交流弧焊机 42 kV·A 时，机械费（除税价）= 158.58×1.280 = 202.98

合计接头吊焊机械费（除税价）为 226.88 + 202.98 = 429.86

01010115 换的计算方法如下：

基价 = 255.74 + 38.99×4 = 411.70

人工 = 21.72 + 0×4 = 21.72

材料 = 0 + 0×4 = 0.00

机械 = 234.02 + 38.99×4 = 389.98

除税机械费 = 592.03×(0.25 + 0.06×4) + 245.67×0.26 = 290.10 + 63.87 = 353.97

4. 旋挖钻孔灌注桩工程综合单价分析表计算。根据表4-2查出的人工费、材料费、机械费的单价，分别计算出该分项工程的人工费、材料费、机械台班费的合价、管理费和利润、综合单价，详见表4-3。

综合单价计算方法：

$$综合单价 = \frac{\sum 人工合价 + \sum 材料合价 + \sum 机械合价 + \sum 管理费和利润}{清单工程量}$$

表 4-3　旋挖钻孔灌注桩工程综合单价分析表

编号	项目编码	项目名称	计量单位	工程量	定额编号	定额名称	定额单位	数量	人工	材料费	机械费	未计价材料费	人工费	材料费+未计价材料费	机械费	管理费和利润	综合单价
1	010302001001	旋挖钻机成孔桩	m	3 600.00	01030143	旋挖钻机成孔桩	m	1.0	39.86	145.85	364.25		39.86	145.85	364.25	36.57	586.53
		旋挖桩灌注混凝土	m³	6 326.40	01030178	旋挖桩灌注混凝土	10 m³	0.1	462.49	64.76	79.28	295.66	81.28	63.34	13.93	43.67	202.22
		钢护筒埋设	m	300.00	01030185	钢护筒埋设	10 m	0.1	2 274.96	11.57	466.76		18.96	0.10	3.89	10.18	33.13
		膨润土泥浆制作	t	6 361.74	01030180	膨润土泥浆制作	10 m³	0.1	115.62	1 849.56	76.88		20.43	326.85	13.59	11.40	372.27
		泥浆运输5 km	t	1 908.52	01010115	泥浆运输5 km	10 m³	0.1	21.72	0.00	353.97		1.15	0.00	18.77	1.41	21.33
		超灌混凝土	m³	630								295.56		51.74			51.74
		小　计											161.68	587.88	414.43	103.23	1 267.22
2	010515004001	钢筋笼制安	t	920.00	01030187	钢筋笼制安	t	1.0	762.73	89.69	545.76	3 771.60	762.73	3 861.29	545.76	427..39	6 352.29
		钢筋笼接头吊焊	t	920.00	01030188	钢筋笼接头吊焊	t	1.0	163.53	57.18	429.87	—	163.53	57.18	429.87	104.90	
		小　计											925.90	3 918.47	975.63	532.29	
3	010301004001	凿桩头	m³	53.01	01030194	凿桩头	m³	1.0	318.51	—	—		318.51	—	—	168.81	487.31

注1：合价＝单价×数量
　　管理费和利润＝(人工费＋机械费×0.08)×(0.033＋0.20)
　　综合单价＝人工费＋材料费＋机械费＋管理费和利润

注2：旋挖钻机成孔桩的人工费、材料费、机械费合价，由于清单的数量与定额相同，只是单位不同。因此只要将定额单价的小数点往前移动1位即可。
　　旋挖桩灌注混凝由于清单的数量、单位都不同，应按定额单价×定额数量÷清单数量计算。计算方法如下：
　　旋挖桩灌注混凝土人工费＝462.49×632.640÷3600＝81.28
　　旋挖桩灌注混凝土材料费＝(64.76＋295.66)×632.640÷3600＝63.34
　　旋挖桩灌注混凝土机械费＝79.28×632.640÷3600＝13.93
　　管理费和利润＝(81.28＋13.93×0.08)×0.53＝43.67
　　综合单价＝81.28＋63.34＋13.93＋43.67＝201.84

注3：其余各栏目的计算与注2相同，详见表4-3。

5. 旋挖钻孔灌注桩工程措施项目综合单价分析表的计算。根据某省工程消耗定额中的措施项目大型机械进退场费中查出的措施项目人工费、材料费、机械费的单价，分别填入旋挖钻孔灌注桩工程措施项目综合单价分析计算表中的人、材、机相应单价栏内，并计算出该旋挖钻孔灌注桩分项工程措施项目的人工费、材料费、机械台班费的合价（注：大型机械拆安费、进退场费项目中不计算措施项目的管理费和利润）、措施项目的综合单价，详见表 4-4。

表 4-4　旋挖钻孔灌注桩工程措施项目综合单价分析表

编号	项目编码	项目名称	计量单位	工程量	清单综合单价组成明细											综合单价
					定额编号	定额名称	定额单位	数量	单价/元			未计价材料费	合价/元				
									基价				人工费	材料费+未计价材料费	机械费	管理费和利润	
									人工	材料费	机械费						
1	011705 301001	大型机械拆安	台次	1.0	01150633	旋挖钻机拆安	台次	1.0	2 555.20	1 215.88	7 022.63	0.00	2 555.20	1 215.88	7 022.63	—	28 842.54
					01150657	旋挖钻机进退场			958.26	259.06	9 901.39	0.00	958.26	259.06	9 901.39	—	
					01150640	履带式起重机 5 t	台次	1.0	766.56	495.60	4844.45	0.00	766.56	495.60	4 844.45	—	
						汽车式起重机 12 t	台次	1.0			823.51	0.00			823.51	—	
					合　计								4 280.02	1 970.54	2 2591.98	—	

注：大型机械拆安费、进退场费项目中不计算措施项目的管理费和利润。

6. 旋挖钻孔灌注桩清单与计价表的计算。根据工程量、综合单价，计算出合价，其中的人工费、机械费（可根据工程量和表 4-3 中人工费、机械费的合价相乘计算）暂估价，详见表 4-5。

表 4-5　旋挖钻孔灌注桩工程清单与计价表

序号	项目编号	项目名称	项目特征描述	计量单位	工程量	金额/元				
						综合单价	合价	其　中		
								人工费	机械费	暂估价
1	010302 001001	旋挖钻机成孔桩		m	3 600.00	1 267.22	4 561 992.00	582 048.00	1 491 948.00	
2	010515 004001	钢筋笼制安		t	920.00	6 352.29	5 844 106.80	851828.00	897 579.60	
3	010301 004001	凿桩头		m³	53.01	487.31	25 832.83	16 884.22	—	
		合　计					10 431 931.63	1 450 760.22	2 389 527.00	

注：旋挖钻孔灌注桩工程的材料费 = 587.88 × 3 600 + 3 918.47 × 920 = 5 721 360.40（元）
　　旋挖钻孔灌注桩工程措施项目的材料费 = 1 970.54（元）
　　旋挖钻孔灌注桩工程除税材料费 = (5 721 360.40 + 1970.54) × 0.912 = 5 219 677.82（元）

7. 旋挖钻孔灌注桩工程措施项目综合单价分析表的计算。根据表 4-2 查出的人工费、材料费、机械费的单价，分别计算出该分项工程的人工费、材料费、机械台班费的合价以及措施项目的管理费和利润、措施项目的综合单价，详见表 4-6。

表 4-6 旋挖钻孔灌注桩工程措施项目清单与计价表

序号	项目编号	项目名称	项目特征描述	计量单位	工程量	金额/元				
						综合单价	合价	其中		
								人工费	机械费	暂估价
1	011705001001	大型机械拆安		台次	1.0	28 842.54	28 842.54	4 280.02	22 591.98	
合　计						28 842.54		4 280.02	22 591.98	

8. 完成旋挖钻孔灌注桩工程规费、税金项目（暂不计算）计价表，详见表 4-7。

表 4-7 旋挖钻孔灌注桩工程规费、税金项目计价

序号	工程名称	计算基础	计算基数	计算费率	金　额
1	规　费				
1.1	社会保险费、住房公积金、残疾人保证金	工程人工费＋措施项目人工费	(1 450 760.22＋4 280.02)＝1 455 040.24	26%	378 310.46
1.2	危险作业意外伤害			1%	14 550.40
1.3	工程排污费	暂不计算			
2	税　金	暂不计算			
合　计					

注：工程排污费按工程用水量计算。

9. 完成旋挖钻孔灌注桩工程其他项目计价表的计算，详见表 4-8。根据实际情况，逐项填写，未发生的项目不填写。

表 4-8 挡土墙工程其他项目计价表

序号	工程名称	金　额	结算金额	备注
1	暂列金额			
2	暂估价			
2.1	材料（工程设备）暂估价/结算价			
2.2	专业工程暂估价/结算价			
3	计日工			
4	总承包服务费			
5	其　他			
5.1	人工费调差（工程人工费＋措施人工费）		(1 450 760.22＋4 280.02)×15%＝218 256.04	
5.2	机械费调差			
5.3	风险费			
5.4	索赔与现场签证			
合　计			218 256.04	

10. 完成该旋挖钻孔灌注桩工程招标控制价表的计算，详见表 4-9。本表的计算，有的项目可以直接抄录有关表格的数据，如人工费、材料费、机械费、管理费和利润；有则需要进行计算，将结果填入该表。

表 4-9 挡土墙工程招标控制价/投标报价汇总表

序号	费用名称	计算基数或计算表达式	费率计算标准	费用金额
1	分部分项工程费	$(1.1+1.2+1.3+1.4+1.5)$		( )
1.1	人工费	$(R)=$		
1.2	材料费	$(C)=(1.2.1+1.2.2)$		
1.2.1	除税材料费	定额材料费 $\times 0.912$	$\times 0.912$	
1.2.2	市场价格材料费			
1.3	设备费	(S)		
1.4	机械费	$(J)=$		
1.4.1	除税机械费	$(J)=$		
1.5	管理费和利润	$(R+J\times0.08)\times53\%$	53%	
2	措施项目费	$(2.1.1+2.1.2+2.1.3+2.1.4+$ $2.1.5+2.2+2.1.2.1+2.1.3+2.2)$		
2.1	单价措施项目			
2.1.1	人工费			
2.1.2	材料费			
2.1.2.1	除税材料费	定额材料费 $\times 0.912$	$\times 0.912$	
2.1.2.2	市场价格材料费			
2.1.3	机械费			
	除税机械费			
2.1.4	管理费和利润			
2.1.5	大型机械进出场费			
2.2	总价措施项目费	$(R+J\times0.08)\times7.95\%$	$(2+5.95)\%$	
2.2.1	安全文明施工费	$(R+J\times0.08)\times$ %		
2.2.2	其他总价措施项目费	$(R+J)\times$ %	%	
3	其他项目费	$(3.1+3.2+3.3+3.4+3.5)$		
3.1	暂列金额			
3.2	专业工程暂估价			
3.3	计日工			
3.4	总承包服务费			

续表

序号	费用名称	计算基数或计算表达式	费率计算标准	费用金额
3.5	其　他	(3.5.1+3.5.2+3.5.3)		
3.5.1	人工费调差	定额人工费×15%	15%	
3.5.2	材料费价差			
3.5.3	机械费价差			
4	规　费			
	税前工程造价	(1+2+3+4)		
5	税　金	(1+2+3+4)×　%		
6	招标控制价/投标报价合计＝1+2+3+4+5			

本表由学生计算完成，作为实训报告。

注1：税前工程造价，是指工程造价的各组成要素价格不含增值税（即可抵扣的进项税税额）的全部价款，即人工费、材料费（计价材费＋未计价材费）、机械费和各种费用中扣除相应进项税税额后计算的价款。

注2：除税计价材费计算：
除税计价材料费＝单价定额工程量×计价材料费单价×0.912
按市场价采购的材料费＝单价定额工程量×计价材料费单价

注3：增值税综合税金费率为：$\begin{cases} 市区：11.36\% \\ 县城/镇：11.30\% \\ 其他地区：11.18\% \end{cases}$　营业税综合税金费率为：$\begin{cases} 市区：3.48\% \\ 县城/镇：3.41\% \\ 其他地区：3.28\% \end{cases}$

项目 5　砌筑工程造价计算实训

5.1　挡土墙分项工程实训资料

　　已知某一工程的挡土墙,其中有关数据如图 5-1 所示,土壤类型为三类土。该工程中有这样的挡土墙数量为 12 个,试计算出该挡土墙的清单工程数量及挡土墙的工程造价费用。(挡土墙顶面用 1 : 2.5 水泥砂浆挡墙压顶,其压顶厚度为 30 mm)。

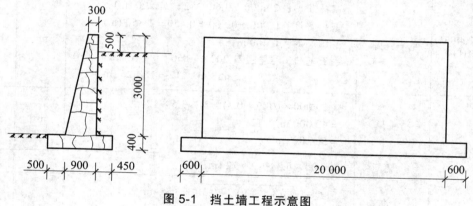

图 5-1　挡土墙工程示意图

5.2　实训目的要求

　　1. 熟悉砌筑工程中挡土墙工程的清单工程量计算的方法步骤。
　　2. 熟悉挡土墙工程项目某省砌筑工程相关消耗量定额表的应用。
　　3. 熟悉挡土墙工程项目清单与计价表的计算方法。
　　4. 要求完成挡土墙工程项目的综合单价分析表的计算。
　　5. 要求完成挡土墙工程项目的各种费用的计算。
　　6. 完成挡土墙工程项目的造价计算。

5.3　实训方法步骤

　　1. 挡土墙清单工程列项,详见表 5-1。
　　(1) 人工挖沟槽(清单与定额计算方法相同)。

（2）毛石基础（清单与定额计算方法相同）。

（3）砌挡土墙（清单为一项）。项目编号：010403004001（定额则分为三项）。

① 砌挡土墙。

② 挡墙压顶。

③ 挡墙勾缝（加浆勾缝），如果是原浆勾缝，则不能再列项计算。

（4）脚手架（清单与定额计算方法相同）。

2. 挡土墙清单工程量计算，详见表 5-1。

表 5-1　挡土墙工程量计算表

序号	项目编号	项目名称	计算式	单位	数量
1	010101 003001	人工挖沟槽	$21.200 \times 1.850 \times 0.400 = 15.688$ （m³） $15.688 \text{m}^3 \times 12 = 188.26$ （m³）	m³	188.26
2	010403 001001	毛石基础	基础长度：$20.000 + 0.600 \times 2 = 21.200$ （m） 基础宽度：$0.900 + 0.500 + 0.450 = 1.850$ （m） 基础高度：0.400 m 毛石基础工程量：$21.200 \times 1.850 \times 0.4 = 15.688$ （m³） 　　　　　　　　$15.688 \text{ m}^3 \times 12 = 188.26$ （m³）	m³	188.26
3	010403 004001	挡土墙	$20.000 \times ((0.9 + 0.3) \div 2) \times 3.5 \times 12$ $= 42.000 \text{ m}^3 \times 12$ $= 504.00$ （m²）	m³	504.00
		挡墙压顶	$20.000 \times 0.3 \times 12 = 72$ （m²）	m²	72.00
		挡墙沟缝	斜边长 $= \sqrt{3.5^2 + (0.9 - 0.3)^2} = 3.55$ （m） $20.000 \times 3.550 \times 12 = 852.00$ （m²）	m²	852.00
4	011701 002001	钢管脚手架	$20.000 \times 3.500 \times 12 = 840.00$ （m²）	m²	840.00

3. 选择计价依据。

根据某省《房屋建筑与装饰工程消耗量定额》表中的挡土墙工程相关消耗量定额表，查出挡土墙工程相关消耗量定额的人工费、材料费、机械费的单价，如表 5-2 所示，并填入表 5-2。在表 5-2 的机械费栏目中分为机械费（含税价）及机械费（除税价）两栏。机械费（除税价）在（×建标〔2016〕207 号文）的附件 2 中查寻。

表 5-2　某省砌筑工程相关消耗量定额表

定额编号	01010004	01040040	01040054	01040071	01090019 换	01150136
项目名称	人工挖沟槽	毛石基础	挡土墙	挡土墙勾缝	挡土墙压顶	钢管脚手架
	三类土	平毛石	粗石料	加浆凸缝	30 mm 厚	双排
单　位	100 m³	10 m³	10 m³	100 m²	100 m²	100 m²
基价/元	3076.40	916.01	1156.92	645.71	776.30	577.15

续表

定额编号				01010004	01040040	01040054	01040071	01090019 换	01150136
其中	人工费			3 076.40	872.60	1 135.79	605.58	693.10	269.57
	材料费			0.00	4.48	3.92	32.48	39.13	243.71
	机械费（含税价）			0.00	38.93	17.21	7.65	44.07	63.87
	机械费（除税价）			0.00	37.85	16.73	7.43	43.27	56.58
	名　称	单位	单价/元			数　量			
材料	毛　石	m³	—	—	—	(12.340)	—	—	—
	粗石料	m³	—	—	—	—	(10.400)	—	—
	水泥砂浆 M5.0	m³	—	—	—	(2.690)	(1.190)	—	—
	水泥砂浆 M10.0	m³	—	—	—	—	—	(0.530)	—
	1：2.5 水泥砂浆	m³	—	—	—	—	—	—	(3.040)
	素水泥砂浆	kg	—	—	—	—	—	—	0.100
	水	m³	5.6	0.106	0.800	0.700	5.800	0.600	
	镀锌铁丝 8#	kg	5.58	—	—	—	—	—	8.900
	焊接钢管 φ48×3.5	t·天	—	—	—	—	—	—	67.500
	直角扣件	百套·天	—	—	—	—	—	—	168.14
	对接扣件	百套·天	—	—	—	—	—	—	23.670
	回转扣件	百套·天	—	—	—	—	—	—	6.77
	底　座	百套·天	—	—	—	—	—	—	20.48
机械	砂浆搅拌机 200 L	台班	86.90 790	0.40	0.448	0.198	0.088	0.51	—
	载重汽车 6 t	台班	536.93	—	—	—	—	—	0.150

注1：挡土墙压顶用 1：2.5 水泥砂浆，厚 30 mm，无法直接套用定额，必须进行换算由学生依据该表格自行计算。掌握有关定额换算的方法。
毛石基础机械台班费计算＝除税台班价×台班数量＝84.48×0.448＝37.85（元）
挡土墙机械台班费计算＝除税台班价×台班数量＝84.48×0.198＝16.73（元）
挡土墙勾缝机械台班费计算＝除税台班价×台班数量＝84.48×0.088＝7.43（元）
挡土墙压顶机械台班费计算＝除税台班价×台班数量＝84.48×（0.337＋2×0.085）＝42.83（元）
钢管脚手架机械台班费计算＝除税台班价×台班数量＝377.21×0.150＝56.58（元）

注2：2016年5月1日前签订工程合同或已经开工的工程项目，可以按营改增之前的计算方法计算；2016年5月1日后签订工程合同的工程项目，必须按营改增的方法计算。即机械台班费按除税台班价计算。

4. 挡土墙工程综合单价分析表的计算。根据表 5-2 中查出的项目定额单位，人工费、材

27

料费、机械费的单价，分别填入表 5-3（表 5-2 的单位与表 5-3 不同，填入时要注意工程量清单的单位与定额单价的统一性）。挡土墙工程综合单价分析计算在表中人、材、机的相应单价栏内，并计算出该挡土墙工程的人工费、材料费、机械台班费的合价、管理费和利润、综合单价，详见表 5-3。

表 5-3　挡土墙工程综合单价分析表

编号	项目编码	项目名称	计量单位	工程量	定额编号	定额名称	定额单位	数量	单价/元 人工	单价/元 材料费	单价/元 机械费	未计价材料费	合价/元 人工费	合价/元 材料费+未计价材料费	合价/元 机械费	管理费和利润	综合单价
1	010101003001	人工挖沟槽	m³	188.26	01010004	人工挖沟槽	100 m³	0.010	3 076.40	0.00	0.00	0.00	30.76	0.00	0.00	16.30	47.06
2	010403001001	毛石基础	m³	188.26	01040040	毛石基础	10 m³	0.100	872.60	4.48	37.85	593.63 60.00	87.26	59.81 60.00	3.79	46.35	275.21
3	010403004001	挡土墙	m³	504.00	01050356	挡土墙	10 m³	0.100	1 135.79	3.92	16.73	262.61 75.00	113.58	26.65 75.00	1.67	60.27	277.17
		挡土墙勾缝	m²	852.00	01040074	挡土墙勾缝	100 m²	0.010	605.58	32.48	7.43	134.41 0.00	10.24	2.82	0.13	5.43	18.62
		挡土墙压顶	m²	72.00	01090019	挡土墙压顶	100 m²	0.010	693.10	39.13	43.27	940.09	0.99	1.40	0.06	0.53	2.98
								小　计					124.81	30.87 75.00	1.86	66.23	298.77

注 1：毛石单价按 60.00 元/m³ 计算。

注 2：粗石料单价按 75.00 元/m³ 计算。

注 3：M5 水泥砂浆单价按 220.68 元/m³，M10 计算水泥砂浆单价按 246.05 元/m³，1 : 2.5 计算水泥砂浆单价按 309.24 元/m³ 计算。

　　毛石基础 M5 水泥砂浆材料费计算：220.68 × 2.690 = 593.63（元/10 m³）

　　挡土墙 M5 水泥砂浆材料费计算：246.05 × 1.190 = 262.61（元/10 m³）

　　挡土墙勾缝 M10 水泥砂浆材料费计算：246.05 × 0.530 = 134.41（元/100 m²）

　　挡土墙压顶 1 : 2.5 水泥砂浆材料费计算：309.24 × 3.040 = 940.09（元/100 m²）

注 4：合价 = 单价 × 数量

　　管理费和利润 = (人工费 + 机械费 × 0.08) × (0.33 + 0.20)

　　综合单价 = 人工费 + 材料费 + 机械费 + 管理费和利润

$$综合单价 = \frac{\sum 人工合价 + \sum 材料合价 + \sum 机械合价 + \sum 管理费和利润}{清单工程量}$$

注 5：增值税后除税的计价材料费计算公式：

　　除税的计价材料费（包括计价材料费和未计价材料费）

　　除税计价材料费 = 定额基价中的材料费 × 0.912

　　（已按当期市场价格进行调整的计价材料费不再计算此系数）。

　　挡土墙清单人工费单位合价（010403004001）为挡土墙、挡土墙勾缝、挡土墙压顶人工费之和。

　　挡土墙人工费 = 50.400 × 1135.79 ÷ 504.00 = 113.58（元/m³）

　　挡土墙勾缝人工费 = 605.58 × 8.520.72 ÷ 504.00 = 10.24（元/m³）

　　挡土墙压顶人工费 = 693.10 × 0.72 ÷ 504.00 = 0.99（元/m³）

　　挡土墙清单人工费单价 = 113.58 + 0.87 + 11.72 = 124.81（元/m³）

　　5. 挡土墙工程措施项目综合单价分析表的计算。根据表 5-2 查出的项目定额单位以及人工费、材料费、机械费的单价，分别填入表 5-4（表 5-2 的单位与表 5-4 不同，填入时要注意工程量清单的单位与定额单价的统一性）。分别计算出该分项工程的人工费、材料费、机械台班费的合价、措施项目的管理费和利润、措施项目的综合单价，详见表 5-4。

表 5-4 挡土墙工程措施项目综合单价计价分析表

编号	项目编码	项目名称	计量单位	工程量	清单综合单价组成明细												
					定额编号	定额名称	定额单位	数量	单价/元			未计价材料费	合价/元				综合单价
									基 价				人工费	材料费＋未计价材料费	机械费	管理费和利润	
									人工	材料费	机械费						
1	011701 002001	钢管外脚手架	m²	840	011501 35	钢管外脚手架	100 m²	0.010	269.57	243.71	56.58	7 933.64	2.70	81.77	0.57	1.46	86.50

注1：增值税后除税的计价材料费计算公式：
　　除税的计价材料费（包括计价材料费和未计价材料费）
　　除税计价材料费 = 定额基价中的材料费 × 0.912
　　（已按当期市场价格进行调整的计价材料费不再计算此系数）

注2：外脚手架按焊接钢管租赁价格 3.00 元/(t·天)；钢管扣件、底座租赁价格均为 1.00 元/(百套·天)；
　　计划工期按 100 天计算，脚手架租赁摊销系数为 0.19，其费用计算为
　　3.00 × 100 × 67.500 = 20 250.00（元）
　　1.00 × 100 × 168.14 = 16 814.00（元）
　　1.00 × 100 × 23.670 = 2 367.00（元）
　　1.00 × 100 × 6.77 = 677.00（元）
　　1.00 × 100 × 20.48 = 2 048.00（元）
　　脚手架租赁费合计为
　　　(20 250.00 + 16 814.00 + 2 367.00 + 677.00 + 2 048.00) × 0.19
　　= 42 756.00 元 × 0.19/100
　　= 7 933.64（元/100 m²）

6. 挡土墙工程清单与计价表的计算。根据工程量、综合单价，计算出合价、人工费、机械费、暂估价，详见表 5-5。

表 5-5 挡土墙工程量清单与计价表

序号	项目编号	项目名称	项目特征描述	计量单位	工程量	金额/元				
						综合单价	合 价	其 中		
								人工费	机械费	暂估价
1	010101 00001	人工挖沟槽	三类土、挖土深度 0.4 m、弃土运距 100 m	m³	188.26	47.06	8 859.52	5 790.88	0.00	
2	010403 001001	毛石基础	石料种类规格 基础类型 砂浆强度等级	m³	188.26	275.21	51 811.04	16 427.57	747..39	
3	010403 004001	挡土墙	石料种类规格 石表面加工要求 勾缝要求 砂浆强度等级、配合比	m³	504.00	298.77	150 580.08	62 904.24	973.44	
		合 计					211 250.64	85 122.69	1 720.83	

注：合价 = 综合单价 × 数量
　　人工费 = 单价 × 数量
　　机械费 = 单价 × 数量
　　人工费、机械费的单位：表 5-3、表 5-4 人工费、机械费中的合价。

7. 挡土墙工程措施项目清单与计价表的计算。根据措施项目工程量、措施项目综合单价，计算出措施项目合价、人工费、机械费（可由表 5-4 中算出）、暂估价，详见表 5-6。

表 5-6　挡土墙工程措施项目清单与计价表

序号	项目编号	项目名称	项目特征描述	计量单位	工程量	金额/元				
						综合单价	合价	其中		
								人工费	机械费	暂估价
1	011701002001	钢管脚手架	单排外脚手架高度 4.15 m 钢管脚手架	m²	840.00	86.50	72 660.00	2 268.00	478.80	
合　计							72 660.00	2 268.00	478.80	

挡土墙工程人工费 = 85 122.69 + 2 268.00 = 87 390.69（元）

挡土墙出税材料费 = 挡土墙基础出税材料费 + 挡土墙出税材料费

挡土墙出税材料费计算 = (59.81 元 × 188.26 + 30.87 元 × 504.0) × 0.912

$$= 26\,818.31 × 0.912$$

$$= 24\,458.30（元）$$

市场价格挡土墙清单材料费 = 60.00 × 188.26 + 75.00 × 504.0

$$= 11\,295.60 + 37\,800.00$$

$$= 49\,095.60（元）$$

挡土墙清单除税机械费单价 = (16.73 × 50.40 ÷ 504.00 + 32.48 × 8.52 ÷ 504.00 +

$$39.13 × 0.72 ÷ 504.00)$$

$$= (1.67 + 0.13 + 0.06)$$

$$= 1.86（元/m^3）$$

挡土墙清单除税机械费 = 1.86 × 504.0 = 937.44（元）

挡土墙工程措施项目材料费 = 81.77 × 840.00 = 68 686.80（元）

挡土墙工程措施项目出税机械费 = 0.57 × 840.00 = 478.80（元）

8. 完成挡土墙工程的规费、税金项目（暂不计算）计价表的计算，详见表 5-7。

表 5-7　挡土墙工程规费、税金项目计价

序号	工程名称	计算基础	计算基数	计算费率	金额/元
1	规　费				
1.1	社会保险费、住房公积金、残疾人保证金	工程人工费 + 措施项目人工费	85 122.69 + 2 268.00 = 87 390.69	26%	22 721.58
1.2	危险作业意外伤害			1%	873.91
1.3	工程排污费	暂不计算			
2	税　金	暂不计算			
合　计					23 595.49

注：工程排污费按工程用水量 × 水的单价计算。

9. 完成挡土墙工程其他项目计价表的计算，详见表 5-8。根据实际情况，逐项填写，未发生的项目不计算、不填写。（经过双方约定，风险费按工程费的 1.5% 计算）其余费用不计算。

表 5-8　挡土墙工程其他项目计价表

序号	工程名称	金额/元	结算金额/元	备　注
1	暂列金额			
2	暂估价			
2.1	材料（工程设备）暂估价/结算价			
2.2	专业工程暂估价/结算价			
3	计日工			
4	总承包服务费			
5	其　他			
5.1	人工费调差	8 739 069×15%	13 108.60	按人工费 15% 计算
5.2	机械费调差			
5.3	风险费			
5.4	索赔与现场签证			
	合　计			

10. 完成该挡土墙工程招标控制价表的计算，详见表 5-9。本表的计算，有的项目可以直接抄录有关表格的数据，如人工费、材料费、机械费、管理费和利润；有的项目则需要进行计算，将结果填入表 5-9。

表 5-9　挡土墙工程招标控制价/投标报价汇总表

序号	费用名称	计算基数或计算表达式	费率计算标准	费用金额/元
1	分部分项工程费	(1.1+1.2+1.3+1.4+1.5)		
1.1	人工费	$(R)=$		
1.2	材料费	$(C)=(1.2.1+1.2.2)$		
1.2.1	除税材料费	定额材料费×0.912	26 818.31×0.912	
1.2.2	市场价材料费		49 095.60	
1.3	设备费	(S)		
1.4	机械费	$(J)=$		
	除税机械费			
1.5	管理费和利润	$(R+J×0.08)×$　%	%	
2	措施项目费	(2.1.1+2.1.2+2.1.3+2.1.4)	%	
2.1	单价措施项目			

续表

序号	费用名称	计算基数或计算表达式	费率计算标准	费用金额/元
2.1.1	人工费			
2.1.2	除税材料费	定额材料费×0.912	68 686.80×0.912	
2.1.2	市场价材料费			
2.1.3	机械费			
	除税机械费			
2.1.4	管理费和利润			
2.2	总价措施项目费	$(R+J×0.08)×$ %		
2.2.1	安全文明施工费			
2.2.2	其他总价措施项目费	$(R+J)×$ %	%	
3	其他项目费	$(3.1+3.2+3.3+3.4+3.5)$		
3.1	暂列金额			
3.2	专业工程暂估价			
3.3	计日工			
3.4	总承包服务费			
3.5	其 他	$(3.5.1+3.5.2+3.5.3)$		
3.5.1	人工费调差	(工程＋措施)人工费×15%		
3.5.2	机械费调差			
3.5.3	风险费			
4	规 费			
	税前工程造价	$(1+2+3+4)$		
5	税 金	$(1+2+3+4)×$ %		
6	招标控制价/投标报价合计＝1+2+3+4+5			

本表由学生按实训报告完成。

注1：税前工程造价，是指工程造价的各组成要素价格不含增值税（即可抵扣的进项税税额）的全部价款，即人工费、材料费（计价材费＋未计价材费）、机械费和各种费用中扣除相应进项税税额后计算的价款。

注2：除税机械费＝∑分部分项定额工程量×除税机械费单位×台班消耗量

除税机械费单价：见（×建标〔2016〕207号文）的附件二：《×省建设工程施工机械台班除税单价表》。

注3：除税计价材料费计算：

除税计价材料费＝单价定额工程量×计价材料费单价×0.912

按市场价采购的材料费＝单价定额工程量×计价材料费单价

注4：增值税综合税金费率为：$\begin{cases} 市区：11.36\% \\ 县城/镇：11.30\% \\ 其他地区：11.18\% \end{cases}$ 业税综合税金费率为：$\begin{cases} 市区：3.48\% \\ 县城/镇：3.41\% \\ 其他地区：3.28\% \end{cases}$

项目 6　钢筋及钢筋混凝土工程造价计算实训

6.1　独立、条形基础分项工程实训资料

资料图纸说明：

1. 该图纸为昆明市区某公共建筑设计图，抗震等级为二级。

2. 混凝土材料：垫层用 C15，混凝土强度均为 C30；钢筋用 HRB400。商品混凝土 C15 市场价为 270 元/m³，商品混凝土 C30 市场价为 300 元/m³，钢筋 HRB400 各种直径的均价为 2 530 元/t。焊接钢管 30 元/(t·天)，组合钢模板综合 30 元/(m²·天)，对接扣件 30 元/(百套·天)，回转扣件 30 元/(百套·天)、直角扣件 30 元/(百套·天)、底座 30 元/(百套·天)。

3. 钢筋采用焊接连接。

4. TJ-1、TJ-2 的截面尺寸同 J-1 的截面尺寸。

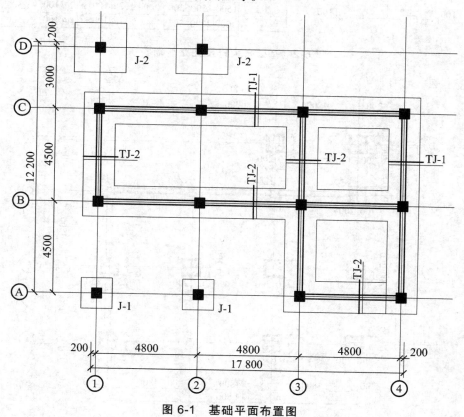

图 6-1　基础平面布置图

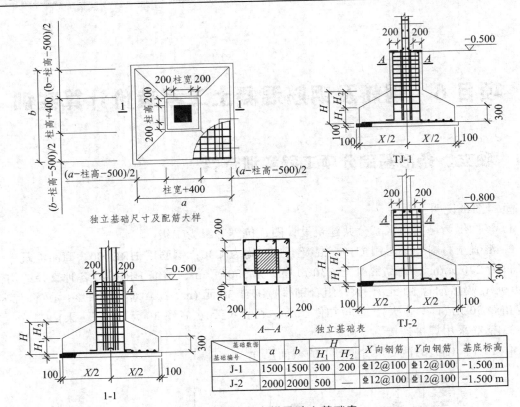

图 6-2　基础各大样及独立基础表

基础数据 基础编号	a	b	H H_1	H H_2	X 向钢筋	Y 向钢筋	基底标高
J-1	1500	1500	300	200	Φ12@100	Φ12@100	−1.500 m
J-2	2000	2000	500	—	Φ12@100	Φ12@100	−1.500 m

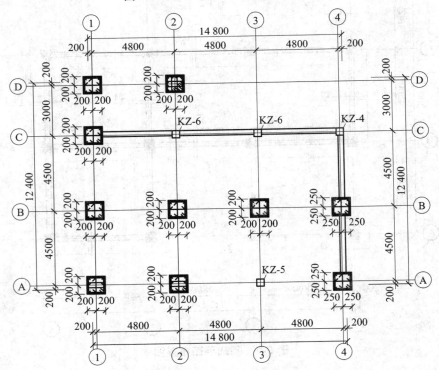

图 6-3　−0.500～3.000 m 层柱配筋平面图

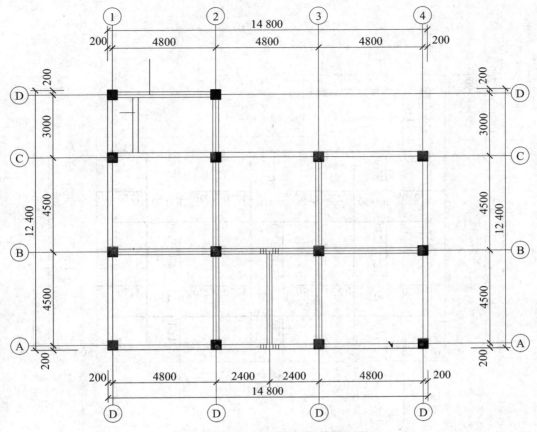

图 6-4 3.000 m 层高梁配筋平面图

5. 保护层厚度设置同 11G101-1 的规定。

6. 未注明的梁顶标高均为楼面结构标高；未标明定位尺寸的梁，其定位轴线为梁的中心线或与柱边齐。

7. 主次梁相交处，主梁上次梁两侧均附加 3 根间距为 50 mm 的箍筋。施工时，跨度大于 4 m 梁，按施工规范起拱。

8. 具体图纸见图 6-1、6-2、6-3、6-4、6-5。

9. 请据资料，完成本工程中独立基础、条形基础、柱、梁、板清单工程，−0.5～3.0 m 层柱，3.0 m 高梁、板的算量、组价及费用计算。

6.2 实训目的要求

1. 熟悉钢筋及钢筋混凝土工程中独立基础、条形基础、框架柱、梁、板工程的清单工程量计算的方法步骤。

2. 熟悉独立基础、条形基础、框架柱、梁、板工程项目某省混凝土工程相关消耗量定额表的应用。

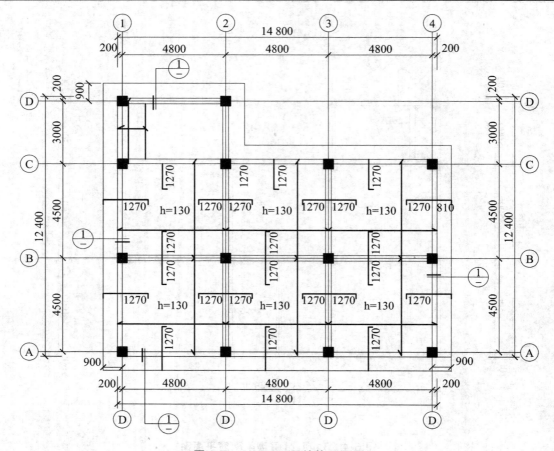

图 6-5 3.000 m 层结构平面图

3. 熟悉独立基础、条形基础、框架柱、梁、板工程项目清单与计价表的计算方法。

4. 要求完成独立基础、条形基础、框架柱、梁、板工程项目的综合单价分析表的计算。

5. 要求完成独立基础、条形基础、框架柱、梁、板工程项目的各种费用的计算。

6. 完成独立基础、条形基础、框架柱、梁、板工程项目的造价计算。

6.3 实训方法步骤

1. 独立基础、条形基础、柱、梁、板清单工程列项，KZ_1、KL_1 模板清单工程列项。列项项目详见表 6-1。

2. 独立基础、条形基础清单、柱、梁、板工程量计算，KZ_1、KL_1 模板工程量计算，计算工程详见表 6-1。

3. 选择计价依据。

依据为某省《房屋建筑与装饰工程消耗量定额》表中的商品混凝土工程相关消耗量定额表，详见表 6-2（本表中材料费未包括主要材料的价格）。

表 6-1　独立、条形基础、柱、梁、板工程量计算表

序号	项目编号	项目名称	计算式	单位	数量
1	010501 001001	基础垫层	$V_{J\text{-}1垫层}=(垫层底长)a+(垫层底宽)b+(垫层厚度)h\times 数量$ $=(1.5+0.2)\times(1.5+0.2)\times 0.1\times 2$ $=0.578\ (m^3)$ $V_{J\text{-}2垫层}=(垫层底长)a+(垫层底宽)b+(垫层厚度)h\times 数量$ $=(2+0.2)\times(2+0.2)\times 0.1\times 2$ $=0.968\ (m^3)$ 条形基础垫层计算： $L_{外垫层长度}=14.8+4.8+4.5+4.5+4.5=33.1$ $L_{内垫层净长}=4.8+4.5-2\times 0.85\times 2=5.9$ $S_{垫层截面积}=0.1\times(1.5+0.2)=0.17$ $V_{条形基础垫层}=(L_{外垫层长度}+L_{内垫层净长})\times S_{垫层截面积}=(33.1+5.9)\times 0.17=6.63\ (m^3)$ $V_{总}=V_{J\text{-}1垫层}+V_{J\text{-}2垫层}+V_{条形基础垫层}=0.578+0.968+6.63=8.09\ (m^3)$	m^3	8.09
2	010501 003001	独立基础	$V_{J\text{-}1}=a\times b\times h+h_1\times(a\times b+(a+a_1)\times(b+b_1)+a_1\times b_1)/6\times 数量$ $=1.5\times 1.5\times 0.3+0.2\times[(1.5\times 1.5)+(1.5+1.5-0.2\times 2)\times(1.5+1.5-0.2\times 2)+$ $(1.5-0.2\times 2)\times(1.5-0.2\times 2)]/6\times 2$ $=2.04\ (m^3)$ $V_{J\text{-}2}=a\times b\times h+h_1\times(a\times b+(a+a_1)\times(b+b_1)+a_1\times b_1)/6\times 数量$ $=2\times 2\times 0.5\times 2$ $=4\ (m^3)$ $V_{J\text{-}2}=2.04+4=6.04\ (m^3)$	m^3	6.04
3	010501 002001	带形基础	$L_{外基础长度}=14.8+4.8+4.5+4.5+4.5=33.1$ $L_{内基础净长}=4.8+4.5-2\times 0.85\times 2=5.9$ $S_{截面积}=b\times h_2+(b+a)\times h_1/2=1.5\times 0.3+(1.5-1.1)\times 0.2/2=0.49$ $n=T字部位个数+2\times 十字部位个数=4$ $V_{搭}=h_1\times(b-a)/2\times h_1/2\times b=0.2\times(1.5-1.1)/2\times 0.2/2\times 1.5=0.006\ (m^3)$ $V_{总}=(L_{外基础长度}+L_{内基础净长})\times S_{基础截面积}+n\times V_{搭}+V_{肋高}$ $=(33.1+5.9)\times 0.49+4\times 0.006+(33.1+5.9-4\times 0.55)\times 0.5\times 1.1=39.374\ (m^3)$	m^3	39.37
4	010502 001001	矩形框架柱	截面周长在 1.2 m ~ 1.8 m 的柱有 KZ_1、KZ_2、KZ_3、KZ_4、KZ_5、KZ_6、KZ_7、KZ_8、KZ_9，这些柱截面为 400×400，数量总共 12 根。 $S_{截面周长1.2\sim 1.8}=0.4\times 0.4=0.16\ (m^2)$ $V_{截面周长1.2\sim 1.8}=S_{截面周长1.2\sim 1.8}\times h_{柱高}\times 数量=0.16\times(0.5+3.0)\times 12=6.72\ (m^3)$	m^3	6.72
	010502 001001	矩形框架柱	截面周长在 1.8 m 以上的柱有 KZ_9、KZ_{10}，这些柱截面为 500×500，数量总共 2 根。 $S_{截面周长1.8以上}=0.5\times 0.5=0.25\ (m^2)$ $V_{截面周长1.8以上}=S_{截面周长1.8以上}\times h_{柱高}\times 数量=0.25\times(0.5+3.0)\times 2=1.21\ (m^3)$ 矩形框架柱 $6.72+1.21=7.93\ (m^3)$	m^3	1.21

序号	项目编号	项目名称	计算式	单位	数量
5	010505 002001	有梁板	$h_{板厚} = 0.13$ m $S_{板面积(板厚大于100 mm)} = (4.5 \times 2 + 2 \times 0.2) \times 14.8 + (3 - 0.2 + 0.2) \times (1.07 + 0.25) = 143.08$ (m²) 图中有 400 mm × 400 mm，500 mm × 500 mm 的柱，其中单个柱截面积小于 0.3 m²，所以不扣柱面积 $V_{板厚大于100 mm 板} = S_{板面积(板厚大于100 mm)} \times h_{板厚} = 143.08 \times 0.13 = 18.6$ (m³) 截面为 250 mm × 500 mm 的梁 KL₁、KL₅、KL₄、KL₇、KL₈ $S_{截面积} = 0.25 \times (0.5 - 0.13) = 0.093$ (m²) $KL_{1梁长} = 12.4 - 4 \times 0.4 = 10.8$　　$KL_{4梁长} = 4.5 \times 2 - 0.2 - 0.25 - 0.5 = 8.05$ $KL_{5梁长} = 14.8 - 3 \times 0.4 - 0.5 = 13.1$　　$KL_{7梁长} = 14.8 - 4 \times 0.4 = 13.2$ $KL_{8梁长} = 4.8 - 2 \times 0.2 = 4.4$　　L 总长 $L_{总长} = 10.8 + 8.05 + 13.1 + 13.2 + 4.4 = 49.55$ (m) $V_{板厚大于100 mm 梁 250 \times 500} = S_{截面积} \times L_{总长} = 0.093 \times 49.55 = 4.608$ (m³) 截面为 250 mm × 450 mm 的梁 KL₂、KL₃、KL₆ $S_{截面积} = 0.25 \times (0.45 - 0.13) = 0.08$ (m²) $KL_{2梁长} = 12.4 - 4 \times 0.4 + 3 - 0.2 \times 2 = 13.4$　　$KL_{3梁长} = 4.5 \times 2 - 0.2 \times 2 - 0.4 = 8.2$ $KL_{6梁长} = 14.8 - 3 \times 0.4 - 0.5 = 13.1$　　$L_{总长} = 13.4 + 8.2 + 13.1 = 34.7$ (m) $V_{板厚度100 mm 梁 250 \times 450} = S_{截面积} \times L_{总长} = 0.08 \times 34.7 = 2.776$ (m³) 截面 250 × 400 的梁 L_1 $S_{截面积} = 0.25 \times (0.4 - 0.13) = 0.067\,5$ (m²) $L_{1梁长} = 4.5 - 0.125 - 0.05 = 4.325$　　　　$L_{总长} = 4.325$ m $V_{板厚大于100 mm 梁 250 \times 400} = S_{截面积} \times L_{总长} = 0.067\,5 \times 4.325 = 0.292$ (m³) $V_{总} = V_{板厚大于100 mm 板} + V_{板厚大于100 mm 梁 250 \times 500} + V_{板厚大于100 mm 梁 250 \times 450} + V_{板厚大于100 mm 梁 250 \times 400}$ $= 18.6 + 4.608 + 2.776 + 0.292 = 26.28$ (m³)	m³	26.28
6	011702 001001	基础模板	放大脚模板计算：基底尺寸 2.000 mm × 2.000 mm，2 个，1.500 × 1.500，12 个，模板高平均为 0.3 m，斜边收口高度为 0.2 m。 方形基础部分： $2.000 \times 4 \times 0.3 \times 2 + 1.500 \times 4 \times 0.3 \times 12$ $= 4.8 + 21.6 = 26.4$ (m²) 斜边收口部分： $(2 + 1.1) \div 2 \times \sqrt{(0.2^2 + 0.55^2)} \times 4 \times 2 +$ $[1.5 + (0.75 - 0.2 - 0.1)] \div 2 \times \sqrt{(0.2^2 + 0.45^2)} \times 4 \times 12$ $= 7.26\ m² + 23.05\ m² = 30.31$ (m²) 柱基础上部模板： $0.5 \times 4 \times 0.9 \times 2 + 0.4 \times 4 \times 0.9 \times 12$ $= 3.6 + 17.28 = 20.88$ (m²) 柱基础模板为：方形基础部分 + 斜边收口部分 + 柱基础上部模板 $26.4\ m² + 30.31\ m² + 20.88\ m² = 77.59$ (m²)	m²	77.59

续表

序号	项目编号	项目名称	计算式	单位	数量
7	011702002001	矩形柱（组合钢模板）	矩形柱模板为： KZ_1 模板　柱高 $=3+0.5=3.5$ m　柱两边梁高 500 mm $0.5×4×3.5×2+0.4×4×3.5×12-$扣除部分 $=14.00+16.80-4.51=26.29$ 扣除梁与柱相交重叠部分：角柱 5 根，按接触面 2 计算，边柱 6 根按接触面 3 计算，中柱 3 根按接触面 4 计算： $0.4×0.25×2×5+0.4×0.25×3×6+0.4×0.25×4×3$ $=1.13+2.03+1.35=4.51$（m²）	m²	26.29
8	011702014001	有梁板（组合钢模板）	有梁板（组合钢模板）：KL_1 模板，板厚 130 mm，梁高 500 mm 梁内侧面模板：梁高×梁宽×梁长 $(0.5-0.13)×[(4.8-0.4)×3×4)+(4.5.00-0.4)×2+$ $(4.5.00-0.45)×2+4.8-0.4+2.6×2)]$ $=0.37×[52.80+16.4+9.6]$ $=29.16$（m²） 梁外侧面模板：梁高×梁宽×梁长 $0.5×[(4.8-0.4)×3×2+(4.5.00-0.45)×2+(4.5-0.4)×2+3×2)]$ $=0.5×[26.40+8.10+8.2+6.00]$ $=24.35$（m²） 楼板模板：楼板长度×楼板宽度$-\sum$挂断面积 $(14.8+0.4)×(9.5+0.4)+(4.8+0.4)×3$ $=166.08$（m²） 有梁板模板计算：梁内侧面模板＋梁外侧面模板＋楼板模板(包括梁底模板) 24.35 m² ＋29.16 m² ＋166.08 m² ＝219.59（m²）	m²	219.59

表 6-2（a）　某省商品混凝土施工相关消耗量定额表　　计量单位：10 m³

定额编号			01050068	01050070	01050072	01050083	01050084	01050109
项目名称			基础垫层	带形基础	独立基础	矩形柱		有梁板
			混凝土	混凝土及钢筋混凝土	混凝土及钢筋混凝土	截面周长（m）		混凝土及钢筋混凝土
						1.8 以内	1.8 以外	
基价/元			481.85	367.15	373.13	614.36	542.39	782.29
其中	人工费		437.58	346.87	352.62	582.59	514.87	369.23
	材料费		29.54	8.37	8.60	12.43	8.18	93.72
	机械费（含税价）		14.73	11.91	11.91	19.34	19.34	19.34
	机械费（除税价）		13.42	10.85	10.85	17.61	17.61	17.61
	名　称	单位	单价/元	数　　量				
材料	(商)混凝土 C15	m³	—	(10.150)	(10.150)	(10.150)	(10.150)	(10.150)
	草席	m²	1.40	1.100	1.100	1.100	1.800	1.200	16.5
	水	m³	5.60	5.000	1.220	1.260	1.770	1.160	12.61

表6-2（b）　某省商品混凝土施工相关消耗量定额表　　　计量单位：10 m³

名称	单位	单价/元	数量					
机械　混凝土振捣器平板式	台班	18.65	0.790	—	—	—	—	
混凝土振捣器插入式	台班	15.47	—	0.770	0.770	1.250	1.250	1.250

定额编号	01150249	01150270 01050070 01050072	01150294
项目名称	独立基础	矩形柱	有梁板
	组合钢模板		
基价/元	2 894.121	3 392.68	3 506.02
其中　人工费	1 437.04	2 239.06	2 322.04
材料费	1 230.82	935.39	874.22
机械费（含税价）	226.26	218.23	309.76
机械费（除税价）	198.97	194.00	275.34

名称	单位	单价/元	数量		
组合钢模板 综合	m³·天	—	(733.273)	(1644.000)	(2085.658)
焊接钢管 48×3.5	t·天	—	(22.294)	(69.849)	(121.339)
直角构件	百套·天	—	(34.808)	(107.610)	(186.935)
对接扣件	百套·天	—	(6.467)	(19.993)	(34.731)
回转扣件	百套·天	—	(1.997)	(6.174)	(10.726)
底座	百套·天	—	(1.056)	(3.264)	(5.669)
水泥砂浆 1：2	m³	322.48	0.012	—	0.007
复合木模板	m²	38.00	—	—	—
模板板枋材	m³	1 230.00	0.095	0.064	0.066
支撑方木	m³	1 380.00	0.306	0.182	0.193
零星卡具	kg	7.80	33.510	66.740	35.250
梁柱卡具	kg	6.50			5.460
铁钉圆钉（各种）综合规格	kg	5.30	11.130	1.800	1.700
镀锌铁丝 8#	kg	5.80	50.150	—	22.140
镀锌铁丝 22#	kg	6.55	0.180	—	0.180
胶带纸	m²	1.60	6.500	6.500	6.500

材料

名　　称	单位	单价/元	数　　量		
嵌缝料	kg	3.75	—	—	—
隔离剂	kg	6.50	10.000	10.000	10.000
载重汽车装在质量6 t	台班	425.77	0.330	0.280	0.420
汽车式起重机8 t	台班	601.19	0.135	0.162	0.216
木工圆锯机500 mm	台班	27.02	0.170	0.060	0.040

（"机械"为左侧竖排分类标签）

混凝土振捣器　平板机械台班计算＝除税台班价×台班数量＝16.99×0.79＝13.42（元）

混凝土振捣器　插入式机械台班计算＝除税台班价×台班数量＝14.09×0.77＝10.85（元）

载重汽车　装在质量6 t 机械台班计算＝除税台班价×台班数量＝377.21×0.42＝158.43（元）

汽车式起重机8 t 机械台班计算＝除税台班价×台班数量＝536.93×0.162＝86.98（元）

木工圆锯机500 mm 机械台班计算＝除税台班价×台班数量＝23.39×0.06＝1.40（元）

注2：2016年5月1日前签订工程合同或已经开工的工程项目，可以按营改增之前的计算方法计算；2016年5月1日后签订工程合同的工程项目，必须按营改增的方法计算。即机械台班费按除税台班价计算。

4.独立基础、条形基础、柱、梁、板清单工程综合单价分析表的计算。根据表6-2中查出的项目定额单位以及人工费、材料费、机械费的单价，分别填入表6-3（表6-2的单位与表6-3不同，填入时要注意工程量清单的单位与单价的统一性）。独立基础、条形基础、柱、梁、板清单工程综合单价分析计算在表中人、材、机的相应单价栏内，并计算出该分项工程的人工费、材料费、机械台班费的合价、管理费和利润、综合单价，详见表6-3。

表6-3　独立基础、条形基础、柱、梁、板清单工程综合单价分析表

编号	项目编码	项目名称	计量单位	工程量	定额编号	定额名称	定额单位	数量	单价/元 基价 人工	材料费	机械费	未计价材料费	合价/元 人工费	材料费+未计价材料费	机械费	管理费和利润	综合单价
1	010501001001	垫层	m³	8.09	01050068	商品混凝土施工基础垫层混凝土	10 m³	0.100	437.58	26.94	13.42	2 740.50	43.76	276.74	1.34	23.25	345.09
2	010501003001	独立基础	m³	6.04	01050072	商品混凝土施工独立基础混凝土及钢筋混凝土	10 m³	0.100	352.62	7.84	10.85	3 045.00	35.26	305.28	1.09	18.74	360.37
3	010501002001	带形基础	m³	39.37	01050070	商品混凝土施工带形基础混凝土及钢筋混凝土	10 m³	0.100	346.87	7.64	10.85	3 045.00	34.69	305.26	1.09	18.43	359.47
4	010502001001	矩形柱	m³	6.72	01050083	商品混凝土施工矩形柱断面周长1.8 m以内	10 m³	0.100	582.59	11.34	17.61	3 045.00	49.37	259.00	1.50	26.23	336.10
5	010502001002	矩形柱	m³	1.21	01050084	商品混凝土施工矩形柱断面周长1.8 m以外	10 m³	0.100	514.87	7.46	17.61	3 045.00	7.86 57.23	46.73 305.73	0.27 1.77	4.08 30.31	58.94 395.04
6	010505001001	有梁板	m³	26.28	01050109	商品混凝土施工有梁板	10 m³	0.100	369.231	85.47	17.61	3 045.00	36.92	313.05	1.76	19.64	371.37

注1：合价＝单价×数量

管理费和利润＝（人工费＋机械费×0.08）×（0.33＋0.20）

综合单价＝人工费＋材料费＋机械费＋管理费和利润

$$综合单价＝\frac{\sum 人工合价＋\sum 材料合价＋\sum 机械合价＋\sum 管理费和利润}{清单工程量}$$

注2：增值税后除税的计价材料费计算公式：

除税的计价材料费（包括计价材费和未计价材费）

除税计价材料费＝定额基价中的材料费×0.912

（已按当期市场价格进行调整的计价材料费不得再计算此系数）

5. KZ$_1$、KL$_1$工程措施项目综合单价分析表的计算。根据表 6-2 查出的项目定额单位以及人工费、材料费、机械费的单价，分别计算出该分项工程的人工费、材料费、机械台班费的合价、措施项目的管理费和利润、措施项目的综合单价，详见表 5-4。（钢管脚手架）摊销费暂不计算。

表 6-4　KZ$_1$、KL$_1$工程措施项目综合单计价分析表

编号	项目编码	项目名称	计量单位	工程量	清单综合单价组成明细											
					定额编号	定额名称	定额单位	数量	单价/元				未计价材料费	合价/元			
									基价					人工费	材料费+未计价材料费	机械费	管理费和利润	综合单价
									人工	材料费	机械费					
1	011702 001001	基础模板（组合钢模板）	m²	77.59	0115 0249	独立基础混凝土模板组合钢模板	100 m²	0.01	1 437.04	1 230.82	198.97	23 130.29	14.37	243.61	1.99	7.70	276.67
2	011702 002001	矩形柱（组合钢模板）	m²	26.29	0115 0270	现浇混凝土模板矩形柱组合钢模板	100 m²	0.01	2 239.06	953.08	194.00	51 709.78	23.39	526.63	1.94	12.48	564.44
2	011702 014001	有梁板（组合钢模板）	m²	219.59	0115 0294	现浇混凝土模板有梁板组合钢模板	100 m²	0.01	2 322.04	847.22	275.34	68 590.82	23.22	694.38	2.75	12.42	732.77

注：模板及支架按焊接钢管租赁价格 3.00 元/(t·天)，钢管扣件、底座租赁价格均为 1.00 元/(百套·天)、综合组合钢模板租赁价格 3.00 元/(t·天)，支模天数 10 天计算。

6. 独立基础、条形基础、柱、梁、板清单工程清单与计价表的计算。根据工程量、综合单价，计算出合价、人工费、机械费、暂估价，详见表 6-5。

表 6-5　独立基础、条形基础、柱、梁、板清单工程量清单与计价表

序号	项目编码	项目名称	项目特征描述	计量单位	工程量	金额/元				
						综合单价	合价	其　中		
								人工费	机械费	暂估价
1	010501 001001	垫层	1. 混凝土种类：商品混凝土 2. 混凝土强度等级：C15 3. 垫层范围：包括独立基础、带形基础下面的垫层	m³	8.09	345.09	2 791.78	354.19	10.84	
2	010501 003001	独立基础	1. 混凝土种类：商品混凝土 2. 混凝土强度等级：C30	m³	6.04	360.37	2 176.64	212.97	6.58	
3	010501 002001	带形基础	1. 混凝土种类：商品混凝土 2. 混凝土强度等级：C30	m³	39.37	359.47	14 152.33	1 365.75	42.91	
4	010502 001001	矩形柱	1. 混凝土种类：商品混凝土 2. 混凝土强度等级：C30	m³	7.93	395.04	3 132.67	453.83	14.04	

序号	项目编码	项目名称	项目特征描述	计量单位	工程量	金额/元				
						综合单价	合价	其　中		
								人工费	机械费	暂估价
5	010505 001001	有梁板	1. 混凝土种类：商品混凝土 2.混凝土强度等级：C30	m³	26.28	371.37	9 759.60	970.26	46.25	
合　计							32 013.02	3 357.00	120.62	

注：合价 = 综合单价 × 数量

人工费 = 单价 × 数量

机械费 = 单价 × 数量

材料费 = 单价 × 数量

人工费、机械费的单价：表6-3人工费、机械费中的合价。

独立基础、条形基础、柱、梁、板分项工程材料费计算：

（1）010501001001 垫层材料费 = 8.09 × 276.74 = 2 238.83

（2）010501003001 独立基础材料费 = 6.04 × 305.28 = 1 843.89

（3）010501002001 带形基础材料费 = 39.37 × 305.26 = 12 018.09

（4）010502001001 矩形柱材料费 = 7.93 × 305.73 = 2 424.44

（5）010505001001 有梁板材料费 = 26.28 × 313.05 = 8 226.95

除税材料费 = (2 238.83 + 1 843.89 + 12 018.09 + 2 424.44 + 8 226.95) × 0.912

= 26 752.20 × 0.912 = 24 398.01

7. KZ_1、KL_1 措施项目清单与计价表的计算。根据措施项目工程量、措施项目综合单价，计算出措施项目合价、人工费、机械费（可由表6-4中算出）、暂估价，详见表6-6。

表6-6　KZ_1、KL_1 工程措施项目清单与计价表

序号	项目编码	项目名称	项目特征描述	计量单位	工程量	金额/元				
						综合单价	合价	其　中		
								人工费	机械费	暂估价
1	011702 001001	基础模板（组合钢模板）	1. 混凝土种类：商品混凝土 2. 混凝土强度等级：C15	m²	77.59	276.67	21 466.83	1 114.97	154.40	
2	011702 002001	矩形柱（组合钢模板）	1. 混凝土种类：商品混凝土 2. 混凝土强度等级：C15	m²	26.29	564.44	14 839.13	641.92	51.00	
3	011702 014001	有梁板（组合钢模板）	1. 混凝土种类：商品混凝土 2. 混凝土强度等级：C15	m²	219.59	732.77	160 908.96	5 098.88	603.87	
合　计							197 214.92	6 855.77	809.27	

独立基础、条形基础、柱、梁、板工程措施项目材料费计算：

基础模板材料费 = 77.59 × 243.61 = 18 901.70（元）

矩形柱模板材料费 = 26.29 × 526.63 = 13 845.10（元）

有梁板模板材料费 = 219.59 × 649.38 = 142 597.35（元）

材料费：　　　　　18 901.70 + 13 845.10 + 142 597.35 = 175 344.15（元）

除税材料费：　　　175 344.15 × 0.912 = 159 913.87（元）

8. 完成独立基础、条形基础、柱、梁、板清单工程的规费、税金项目（暂不计算）计价表的计算，详见表 5-7。

表 6-7　独立基础、条形基础、柱、梁、板清单工程规费、税金项目计价

序号	工程名称	计算基础	计算基数	计算费率	金额/元
1	规　费				
1.1	社会保险费、住房公积金、残疾人保证金	工程人工费 + 措施项目人工费	3 357.00 + 6 855.77 = 10 212.77	26%	2 655.32
1.2	危险作业意外伤害			1%	102.13
1.3	工程排污费	暂不计算			
2	税　金	暂不计算			
	合　计				2 757.45

注：工程排污费按工程用水量×水的单价计算。

9. 完成独立基础、条形基础、柱、梁、板清单工程其他项目计价表的计算，详见表 6-8。根据实际情况，逐项填写，未发生的项目不计算、不填写。

表 6-8　独立基础、条形基础、柱、梁、板清单工程其他项目计价表

序号	工程名称	金额/元	结算金额/元	备注
1	暂列金额			
2	暂估价			
2.1	材料（工程设备）暂估价/结算价			
2.2	专业工程暂估价/结算价			
3	计日工			
4	总承包服务费			
5	其　他			
5.1	人工费调差	10 212.77×15%	1 531.92	按人工费 15% 计算
5.2	机械费调差			
5.3	风险费			
5.4	索赔与现场签证			
	合　计			

10. 完成该独立基础、条形基础、柱、梁、板清单工程招标控制价表的计算，详见表6-9。本表的计算，有的项目可以直接抄录有关表格的数据，如人工费、材料费、机械费、管理费和利润；有的项目则需要进行计算，将结果填入表6-9。

表6-9 独立、条形基础、柱、梁、板清单工程招标控制价/投标报价汇总表

序号	费用名称	计算基数或计算表达式	费率计算标准	费用金额/元
1	分部分项工程费	$(1.1+1.2+1.3+1.4+1.5)$		
1.1	人工费	$(R)=3\,357.00$		
1.2	材料费	$C=(1.2.1+1.2.2)$		
1.2.1	除税材料费	定额材料费$\times 0.912$	$26\,752.20\times 0.912$	
1.2.2	市场价材料费			
1.3	设备费	(S)		
1.4	机械费	$(J)=120.62$		
1.5	管理费和利润	$(R+J\times 0.08)\times$　%	%	
2	措施项目费	$(R+J\times 0.08)\times$　%	%	
2.1	单价措施项目			
2.1.1	人工费	$6\,855.77$		
2.1.2	材料费	$C=(2.1.2.1+2.1.2.2)$		
2.1.2.1	除税材料费	定额材料费$\times 0.912$	$175\,344.15\times 0.912$	
2.1.2.2	市场价材料费			
2.1.3	机械费			
2.1.4	管理费和利润			
2.2	总价措施项目费	$(R+J\times 0.08)\times$　%		
2.2.1	安全文明施工费			
2.2.2	其他总价措施项目费	$(R+J)\times$　%	%	
3	其他项目费	$(3.1+3.2+3.3+3.4+3.5)$		
3.1	暂列金额			
3.2	专业工程暂估价			
3.3	计日工			
3.4	总承包服务费			
3.5	其他	$(3.5.1+3.5.2+3.5.3)$		

序号	费用名称	计算基数或计算表达式	费率计算标准	费用金额/元
3.5.1	人工费调差	(工程+措施)人工费×15%	10 212.77×15%	1 531.92
3.5.2	机械费调差			
3.5.3	风险费			
4	规　费			
	税前工程造价	(1+2+3+4)		
5	税　金	(1+2+3+4)×　%		
6	招标控制价/投标报价合计 =1+2+3+4+5			

本表由学生按实训报告完成。

注 1：税前工程造价，是指工程造价的各组成要素价格不含增值税（即可抵扣的进项税税额）的全部价款，即人工费、材料费（计价材费＋未计价材费）、机械费和各种费用中扣除相应进项税税额后计算的价款。

注 2：除税机械费 =∑分部分项定额工程量×除税机械费单价×台班消耗量

除税机械费单价：见（×建标〔2016〕207 号文）的附件二：《×省建设工程施工机械台班除税单价表》。

注 3：除税计价材料费计算：

除税计价材料费 =单价定额工程量×计价材料费单价×0.912

按市场价采购的材料费 =单价定额工程量×计价材料费单价

注 4：增值税综合税金费率为：$\begin{cases} 市区：11.36\% \\ 县城/镇：11.30\% \\ 其他地区：11.18\% \end{cases}$ 营业税综合税金费率为：$\begin{cases} 市区：3.48\% \\ 县城/镇：3.41\% \\ 其他地区：3..28\% \end{cases}$

项目 7　门窗工程造价计算实训

7.1　门窗分项工程实训资料

已知某一工程的成品塑钢窗，其中有关数据如图 7-1 所示，该工程中有这样的门窗数量 26 樘，试计算出该门窗的清单工程量及门窗的工程造价费用。

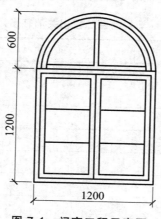

图 7-1　门窗工程示意图

7.2　实训目的要求

1. 熟悉门窗工程的清单工程量计算的方法步骤。
2. 熟悉门窗工程项目某省门窗工程相关消耗量定额表的应用。
3. 熟悉门窗工程项目清单与计价表的计算方法。
4. 要求完成门窗工程项目的综合单价分析表的计算。
5. 要求完成门窗工程项目的各种费用的计算。
6. 完成门窗工程项目的造价计算。

7.3　实训方法步骤

1. 门窗清单工程列项，详见表 7-1。

金属（塑钢、断桥）窗（清单与定额计算方法相同）。

2. 门窗清单工程量计算，详见表 7-1。

表 7-1 门窗工程量计算表

序号	项目编号	项目名称	计算式	单位	数量
1	010807 001001	金属（塑钢、断桥）窗	$(1.2 \times 1.2 + 3.14 \times 0.6 \times 0.6) \times 26 = 66.83 \ (m^2)$	m^2	66.83

3. 选择计价依据。

根据某省《房屋建筑与装饰工程消耗量定额》表中的门窗工程相关消耗量定额表，查出门窗工程相关消耗量定额的人工费、材料费、机械费的单价，如表 7-2 所示（本表中材料费未包括主要材料的价格）。在表 7-2 的机械费栏目中分为机械费（含税价）及机械费（除税价）两栏。机械费（除税价）在（×建标〔2016〕207 号文）的附件 2 中查询。

表 7-2 某省门窗工程相关消耗量定额表

定额编号				01070090
项目名称				塑钢门窗（成品）安装
				塑钢窗
单　位				100 m^2
基价/元				3 604.80
其中	人工费			2 378.89
	材料费			1 192.37
	机械费（含税价）			33.54
	机械费（除税价）			28.63
	名　称	单位	含税台班单价/元	除税台班单价/元	数　量
材料	单层塑钢窗	m^2	—		(100.000)
	膨胀螺栓	个	0.74		634.000
	合金钢钻头 $\phi10$	个	8.50		3.960
	聚氨酯泡沫填缝剂 750 mL	支	18.00		5.531
	密封胶 300 mL	支	8.00		73.749
机械	电锤功率 520 W	台班	4.23	3.61	7.930

注：2016 年 5 月 1 日前签订工程合同或已经开工的工程项目，可以按营改增之前的计算方法计算；2016 年 5 月 1 日后签订工程合同的工程项目，必须按营改增的方法计算。即机械台班费按除税台班价计算。

塑钢门窗（成品）安装机械台班费计算 = 除税台班单价 × 台班数量 = 3.61 × 7.930 = 28.63 元

4. 门窗工程综合单价分析表的计算。根据表 7-2 中查出的项目定额单位，人工费、材料费、机械费的单价，分别填入表 7-3（表 7-2 的单位与表 7-3 不同，填入时要注意工程量清单的单位与单价的统一性）。门窗工程综合单价分析计算表在中人、材、机的相应单价栏内，并计算出该分项工程的人工费、材料费、机械台班费的合价、管理费和利润、综合单价,详见表 7-3。

表 7-3　门窗工程综合单价分析表

编号	项目编码	项目名称	计量单位	工程量	定额编号	定额名称	定额单位	数量	人工费	材料费	机械费	未计价材料费	人工费	材料费+未计价材料费	机械费	管理费和利润	综合单价
									单价/元 基价				合价/元				
1	010807001001	金属(塑钢、断桥)窗	m²	1	01070090	塑钢门窗(成品)安装塑钢窗	100 m²	0.01	2 735.72	1 087.1	28.63	29 265	27.36	303.52	0.29	12.62	343.79
						小　计							27.36	303.52	0.29	12.62	343.79

注 1:单层塑钢窗除税单价按 292.65 元/m³ 计算。

注 2:根据×建标〔2016〕208 号文,人工费调整的幅度为定额人工费的 15%,调整的人工费用差额不作为计取其他费用的基础,仅计算税金,2016 年 5 月 1 日起执行。

注 3:增值税后除税的计价材料费计算公式:
　　除税的计价材料费(包括计价材料费和未计价材料费)
　　除税计价材料费 = 定额基价中的材料费×0.912
　　(已按当期市场价格进行调整的计价材料费不得再计算此系数)
　　金属(塑钢、断桥)窗除税材料费计算 = 定额材料费×0.912
　　　　　　　　　　　　　　　　　　 = 1 192.37×0.912
　　　　　　　　　　　　　　　　　　 = 1 087.1(元)

注 4:合价 = 单价×数量
　　管理费和利润 = (人工费 + 机械费×0.08)×(0.033 + 0.20)
　　综合单价 = 人工费 + 材料费 + 机械费 + 管理费和利润

$$综合单价 = \frac{\sum 人工合价 + \sum 材料合价 + \sum 机械合价 + \sum 管理费和利润}{清单工程量}$$

注 5:调整的人工费用差额不作为计取其他费用(管理费和利润)的基础,仅计算税金。

5. 门窗工程清单与计价表的计算。根据工程量、综合单价,计算出合价、人工费、机械费、暂估价,详见表 7-4。

表 7-4　门窗工程量清单与计价表

序号	项目编码	项目名称	项目特征描述	计量单位	工程量	综合单价	合价	人工费	机械费	暂估价
						金额/元		其中		
1	010807001001	金属(塑钢、断桥)窗	材质:成品塑钢窗	m²	66.83	343.79	22 975.49	1 828.47	19.38	
			合　计				22 975.49	1 828.47	19.38	

注:合价 = 综合单价×数量
　　人工费 = 单价×数量
　　机械费 = 单价×数量
　　人工费、机械费的单价:表 7-3 人工费、机械费中的合价。

6. 完成门窗工程的规费、税金项目(暂不计算)计价表的计算,详见表 7-5。

表 7-5　门窗工程规费、税金项目计价

序号	工程名称	计算基础	计算基数	计算费率	金额/元
1	规　费				493.69
1.1	社会保险费、住房公积金、残疾人保证金	工程人工费＋措施项目人工费	1 828.47	26%	475.40
1.2	危险作业意外伤害			1%	18.29
1.3	工程排污费	暂不计算			
2	税　金	暂不计算			
	合　计				493.69

注 1：调整的人工费用差额不作为计取其他费用（规费）的基础，仅计算税金。

注 2：工程排污费按工程用水量×水的单价计算。

7. 完成门窗工程其他项目计价表的计算，详见表 7-6。根据实际情况，逐项填写，未发生的项目不计算、不填写。

表 7-6　门窗工程其他项目计价表

序号	工程名称	金额/元	结算金额/元	备注
1	暂列金额			
2	暂估价			
2.1	材料（工程设备）暂估价/结算价			
2.2	专业工程暂估价/结算价			
3	计日工			
4	总承包服务费			
5	其　他			
5.1	人工费调差	1 828.47×15%	274.27	按人工费 15% 计算
5.2	机械费调差			
5.3	风险费			
5.4	索赔与现场签证			
	合　计			

8. 完成该门窗工程招标控制价表的计算，详见表 7-7。本表的计算，有的项目可以直接抄录有关表格的数据，如人工费、材料费、机械费、管理费和利润；有的项目则要进行计算后再填入表 7-7。

表 7-7 门窗工程招标控制价/投标报价汇总表

序号	费用名称	计算基数或计算表达式	费率计算标准	费用金额/元
1	分部分项工程费	$(1.1+1.2+1.3+1.4+1.5)$		( )
1.1	人工费	$(R)=$		
1.2	材料费	$(C)=$		
1.2.1	除税材料费	定额材料费×0.912	×0.912	
1.2.1	市场价格材料费			
1.3	设备费	(S)		
1.4	机械费	$(J)=$		
1.4.1	除税机械费	$(J)=$		
1.5	管理费和利润	$(R+J\times0.08)\times53\%$	53%	
2	措施项目费	$(2.1.1+2.1.2+2.1.3+2.1.4+$ $2.1.5+2.2+2.1.2.1+2.1.3+2.2)$		
2.1	单价措施项目			
2.1.1	人工费			
2.1.2	材料费			
2.1.2.1	除税材料费			
2.1.2.2	市场价格材料费			
2.1.3	机械费			
	除税机械费			
2.1.4	管理费和利润			
2.1.5	大型机械进出场费			
2.2	总价措施项目费	$(R+J\times0.08)\times7.95\%$	$(2+5.95)\%$	
2.2.1	安全文明施工费	$(R+J\times0.08)\times$ %		
2.2.2	其他总价措施项目费	$(R+J)\times$ %	%	
3	其他项目费	$(3.1+3.2+3.3+3.4+3.5)$		
3.1	暂列金额			
3.2	专业工程暂估价			
3.3	计日工			
3.4	总承包服务费			
3.5	其他	$(3.5.1+3.5.2+3.5.3)$		

序号	费用名称	计算基数或计算表达式	费率计算标准	费用金额
3.5.1	人工费调差	定额人工费×15%	1 828.47×15%	274.27
3.5.2	材料费价差			
3.5.3	机械费价差			
4	规 费			
	税前工程造价	(1+2+3+4)		
5	税 金	(1+2+3+4)× %	11.30%	
6	招标控制价/投标报价合计 = 1+2+3+4+5			

本表由学生计算完成,作为实训报告。

注 1:税前工程造价,是指工程造价的各组成要素价格不含增值税(即可抵扣的进项税税额)的全部价款,即人工费、材料费(计价材费 + 未计价材费)、机械费和各种费用中扣除相应进项税税额后计算的价款。

注 2:除税计价材料费计算:

除税计价材料费 = 单价定额工程量×计价材料费单价×0.912

按市场采购的材料费 = 单价定额工程量×计价材料费单价

注 3:增值税综合税金费率为:$\begin{cases} 市区:11.36\% \\ 县城/镇:11.30\% \\ 其他地区:11.18\% \end{cases}$ 营业税综合税金费率为:$\begin{cases} 市区:3.48\% \\ 县城/镇:3.41\% \\ 其他地区:3.28\% \end{cases}$

项目8 金属结构工程造价计算实训

8.1 单榀屋架分项工程实训资料

某跨度为 24 m 的工厂，其单榀屋架尺寸如图 8-1 所示，现场组装，单机吊装，回转半径为 18 m，涂刷防锈漆一遍，银粉漆两遍，试计算该单榀屋架的清单工程数量及单榀屋架的工程造价费用。（单位理论重量 L100×80×6：8.35；L90×56×5：5.661；L63×5：4.822；56×5：4.25；L50×5：3.77（单位符号：kg/m）。

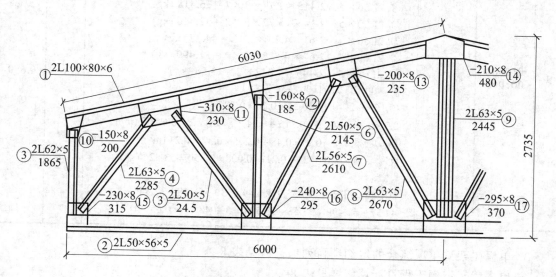

图 8-1 单榀屋架工程示意图

8.2 实训目的要求

1. 熟悉金属结构工程中单榀屋架工程的清单工程量计算的方法步骤。
2. 熟悉单榀屋架工程项目某省金属结构工程相关消耗量定额表的应用。
3. 熟悉单榀屋架工程项目清单与计价表的计算方法。
4. 要求完成单榀屋架工程项目的综合单价分析表的计算。
5. 要求完成单榀屋架工程项目的各种费用的计算。
6. 完成单榀屋架工程项目的造价计算。

8.3 实训方法步骤

1. 单榀屋架清单工程列项，详见表 8-1。

钢屋架（清单为一项）。010602001001（定额则分为七项）。

2. 单榀屋架清单工程量计算，详见表 8-1。

表 8-1 单榀屋架清单工程量计算表

序号	项目编号	项目名称	计算式	单位	数量
1	010602 001001	钢屋架	① 上弦 2L100×80×6：6.03×8.35×2×2 = 201.402 (kg) ② 下弦 2L90×56×5：6×5.661×2×2 = 135.864 (kg) ③ 2L63×5：1.865×4.822×2×2 = 35.972 (kg) ④ 2L63×5：2.285×4.822×2×2 = 44.073 (kg) ⑤ 2L50×5：2.415×3.77×2×2 = 36.418 (kg) ⑥ 2L50×5：2.145×3.77×2×2 = 32.346 (kg) ⑦ 2L56×5：2.61×4.25×2×2 = 44.37 (kg) ⑧ 2L63×5：2.67×4.822×2×2 = 51.499 (kg) ⑨ 2L63×5：2.445×4.822×2 = 23.58 (kg) 板：⑩⑪⑫⑬⑮⑯面积为 (0.15×0.2 + 0.31×0.23 + 0.16×0.185 + 0.2×0.235 + 0.23×0.315 + 0.24×0.295)×2 = 0.642 3 (m²) ⑭⑰面积为：0.21×0.48 + 0.295×0.37 = 0.21 (m²) 板材重量：(0.6423 + 0.21)×0.008×7 850 = 53.524 (kg) 合计： 201.402 + 135.864 + 35.972 + 44.073 + 36.418 + 32.346 + 44.37 + 51.499 + 23.58 + 53.524 = 59.048 kg = 0.659 (t)	t	0.659

3. 单榀屋架清单项综合的定额项目列项，详见表 8-2。

4. 单榀屋架定额工程量计算，详见表 8-2。

表 8-2 单榀屋架定额工程量计算表

序号	定额编号	定额名称	计算式	单位	数量
1	03130013	轻钢屋架 1 t 以内	0.659	t	0.659
2	03130075	一类构件运输 1 km	0.659×(1+1.5%) = 0.669	10t	0.066 9
3	03130021	轻钢屋架拼装（每榀构件重量 1 t 以内）	0.659×(1+1.5%) = 0.669	t	0.669
4	03130024	轻钢屋架安装（每榀构件重量 1 t 以内）	0.659×(1+1.5%) = 0.669	t	0.669
5	03130505	一般钢结构刷油防锈漆一遍	0.659×1 000 = 659	100 kg	6.59
6	03130508	一般钢结构刷油银粉漆第一遍	0.659×1 000 = 659	100 kg	6.59
7	03130509	一般钢结构刷油银粉漆第二遍	0.659×1 000 = 659	100 kg	6.59

5. 选择计价依据。

根据某省《房屋建筑与装饰工程消耗量定额》表中的单榀屋架工程相关消耗量定额表，查出单榀屋架工程相关消耗量定额的人工费、材料费、机械费的单价，详见表 8-3，并填入表 8-3。在表 8-3 的机械费栏目中分为机械费(含税价)及机械费(除税价)两栏。机械费(除税价)在（×建标〔2016〕207 号文）的附件 2 中查询。

表 8-3（a）　某省金属结构工程相关消耗量定额表

		定额编号		03130013	03130021	03130024	03130075	03130505	03130508	03130509
		项目名称		轻钢屋架制作	轻钢屋架拼装	轻钢屋架安装	1 类金属构件运输	一般钢结构刷油	一般钢结构刷油	一般钢结构刷油
				重量 1 t 以内	每榀构件重量 1 t 以内	每榀构件重量 1 t 以内	运距 1 km 以内	防锈漆第一遍	银粉漆第一遍	银粉漆第二遍
		单　位		t	t	t	10 t	100 kg	100 kg	100 kg
		基价/元		2 323.41	678.19	1 124.17	611.40	26.31	29.69	27.38
其中		人工费		1 194.94	239.23	337.86	80.49	14.69	14.05	12.65
		材料费								
		机械费		140.82	204.22	116.55	72.93	2.55	6.57	5.66
		含税机械费		987.65	234.74	669.76	457.98	9.07	9.07	9.07
		除税机械费		892.22	210.93	602.99	407.61	8.02	8.02	8.02
名　称	单位	含税单价/元	除税单价/元			数　量				
钢板	t	—		(0.194)				—	—	—
六角空心钢（综合）（综）	t	—		(0.866)				—	—	—
电焊条结 422	kg			(23.577)	(12.860)	(2.510)				
螺栓（综合）	kg			(1.741)						
氧气	m³	3.60		6.409		0.510				
乙炔气	m³	27.00		2.787		0.222				
其他材料费	元	1.00		42.500		24.180				
钢轨（38 kg/m）	kg	—		—	(4.685)	—				
材料	木材（综合）	m³	1 780.00		0.076	0.013	0.030			
道钉	kg	5.16			6.782					
镀锌铁丝 8#~12#	kg	5.64			6.018	2.274	1.790			
平垫铁综合	kg	7.50		—	—	6.477				
钢丝绳 φ15	kg	8.20					0.180			
钢支架摊销	kg	5.04					1.580			
醇酸防锈漆	kg	—					—	(1.160)		
酚醛清漆	kg	—							(0.250)	(0.230)
汽油 90#~93#	kg	9.10		—	—			0.300	0.520	0.470
银粉	kg	23.02						—	0.08	0.060

表 8-3（b） 某省金属结构工程相关消耗量定额表

名称	单位	含税单价/元	除税单价/元	数量						
门式起重机 10 t	台班	326.76	300.68	0.430	—	—	—	—	—	—
龙门式起重机提升质量 20 t	台班	621.71	556.83	0.170	—	—	—	—	—	—
板料校平机 16×2 000 mm	台班	1 283.09	1 113.27	0.140	—	—	—	—	—	—
剪板机 40×3 100 mm	台班	590.24	518.78	0.020	—	—	—	—	—	—
刨边机 12 000 mm	台班	507.84	450.77	0.032	—	—	—	—	—	—
型钢切断机剪断宽度 500 mm	台班	190.52	176.42	0.135	—	—	—	—	—	—
型钢校正机	台班	162.95	148.45	0.135	—	—	—	—	—	—
摇臂钻床 63 mm	台班	138.25	131.54	0.138	—	—	—	—	—	—
电动空气压缩机 6 m³/min	台班	291.34	259.82	0.095	—	—	—	—	—	—
电焊条烘干箱 55×45×55	台班	16.47	14.17	1.050	—	—	—	—	—	—
恒温箱	台班	8.94	8.14	1.070	—	—	—	—	—	—
轨道平车载重量 10 t	台班	49.33	42.33	0.220	—	—	—	—	—	—
其他机械费	元	1.00		35.00	—	—	—	—	—	—
吊装机械（综合四）	台班	837.76	739.27	—	0.165	0.435				
交流弧焊机 32 kV·A	台班	139.87	128.91	—	0.690	2.183				
交流弧焊机 42 kV·A	台班	174.56	158.58	2.100						
汽车式起重机 16 t	台班	906.84	802.26				0.210	0.010	0.010	—
平板拖车组装载质量 20 t		—	863.03	771.39				0.310		

（左侧分类：机械）

表中除税机械费单价在（×建标〔2016〕207号文）的附件2中查询而得。

基价中的除税机械费计算如下：

轻钢屋架制作（重量1t以内）除税机械费 = 除税台班单价 × 台班数量 = $300.68 \times 0.430 + 556.83 \times 0.170 + 1113.27 \times 0.140 + 518.78 \times 0.020 + 450.77 \times 0.032 + 176.42 \times 0.135 + 148.45 \times 0.135 + 131.54 \times 0.138 + 158.58 \times 2.100 + 259.82 \times 0.095 + 14.17 \times 1.050 + 8.14 \times 1.070 + 42.33 \times 0.220 + 1.00 \times 35.000 = 892.22$（元）

轻钢屋架拼装（每榀构件重量1t以内）除税机械费 = 除税台班单价 × 台班数量 = $739.27 \times 0.165 + 128.91 \times 0.690 = 210.93$（元）

轻钢屋架安装（每榀构件重量1t以内）除税机械费 = 除税台班单价 × 台班数量 = $739.27 \times$

0.435 + 128.91 × 2.183 = 602.99（元）

1 类金属构件运输（运距 1 km 以内）除税机械费 = 除税台班单价 × 台班数量 = 802.26 × 0.210 + 771.39 × 0.310 = 407.61（元）

一般钢结构刷油（防锈漆第一遍）除税机械费 = 除税台班单价 × 台班数量 = 802.26 × 0.010 = 8.02（元）

一般钢结构刷油（防银粉漆第一遍）除税机械费 = 除税台班单价 × 台班数量 = 802.26 × 0.010 = 8.02（元）

一般钢结构刷油（防银粉漆第二遍）除税机械费 = 除税台班单价 × 台班数量 = 802.26 × 0.010 = 8.02（元）

注：2016 年 5 月 1 日前签订工程合同或已经开工的工程项目，可以按营改增之前的计算方法计算；2016 年 5 月 1 日后签订工程合同的工程项目，必须按营改增的方法计算。即机械台班费按除税台班价计算。

6. 单榀屋架工程综合单价分析表的计算。根据表 8-3 中查出的项目定额单位，将人工费、材料费、机械费的单价，分别填入表 8-4（表 8-3 的单位与表 8-4 不同，填入时要注意工程量清单的单位与单价的统一性）。单榀屋架工程综合单价分析计算在表中人、材、机的相应单价栏内，并计算出该分项工程的人工费、材料费、机械台班费的合价、管理费和利润、综合单价，详见表 8-4。

表 8-4　单榀屋架工程综合单价分析表

编号	项目编码	项目名称	计量单位	工程量	清单综合单价组成明细											综合单价
					定额编号	定额名称	定额单位	数量	单价/元			未计价材料费	合价/元				
									基价				人工费	材料费 + 未计价材料费	机械费	管理费和利润	
									人工费	材料费	机械费						
1	010602001001	钢屋架	t	0.659	0313 0013	轻钢屋架制作（重量 1 t 以内）	t	1.000	1 194.94	128.43	892.22	4 939.34	1 194.94	5067.77	892.22	633.16	11 191.28
					0313 0021	轻钢屋架拼装（每榀构件重量 1 t 以内）	t	1.015	239.23	186.25	210.93	67.05	242.82	257.10	214.09	129.97	
					0313 0024	轻钢屋架安装（每榀构件重量 1 t 以内）	t	1.015	337.86	106.29	602.99	10.62	342.93	118.66	612.03	195.95	
					0313 0075	1 类金属构件运输（运距 1 km 以内）	10 t	0.1015	80.49	66.51	407.61	0	8.17	6.75	41.37	5.74	
					0313 0505	一般钢结构刷油（防锈漆第一遍）	100 kg	10.000	14.69	2.33	8.023	12.22	146.9	145.5	80.23	76.66	
					0313 0508	一般钢结构刷油（银粉漆第一遍）	100 kg	10.000	14.05	5.99	8.02	5.19	140.5	111.80	80.2	73.46	
					0313 0509	一般钢结构刷油（银粉漆第二遍）	100 kg	10.000	12.65	5.16	8.02	4.77	126.5	99.30	80.2	66.46	
					小　计								2 202.76	5 806.88	2 000.24	1 181.4	11 191.28

表中数量 = 定额量/定额单位/清单量，计算如下：

轻钢屋架制作（重量 1 t 以内）：数量 = 定额量/定额单位/清单量 = 0.659/0.659 = 1.000

轻钢屋架拼装（每榀构件重量 1 t 以内）：数量 = 定额量/定额单位/清单量 = 0.669/0.659
$$= 1.015$$

轻钢屋架安装（每榀构件重量 1 t 以内）：数量 = 定额量/定额单位/清单量 = 0.669/0.659
$$= 1.015$$

1 类金属构件运输（运距 1 km 以内）：数量 = 定额量/定额单位/清单量 = 0.669/10/0.659
$$= 0.1015$$

一般钢结构刷油（防锈漆第一遍）：数量 = 定额量/定额单位/清单量 = 659/100/0.659
$$= 10.000$$

一般钢结构刷油（防银粉漆第一遍）：数量 = 定额量/定额单位/清单量 = 659/100/0.659
$$= 10.000$$

一般钢结构刷油（防银粉漆第二遍）：数量 = 定额量/定额单位/清单量 = 659/100/0.659
$$= 10.000$$

注 1：增值税后除税的计价材料费计算公式：

除税的计价材料费(包括计价材费和未计价材费)

除税计价材料费 = 定额基价中的材料费 × 0.912

（已按当期市场价格进行调整的计价材料费不得再计算此系数）

表中基价材料费 = 除税计价材料费 = 定额基价中的材料费 × 0.912，计算如下：

轻钢屋架制作（重量 1 t 以内）基价材料费 = 除税计价材料费 = 定额基价中的材料费 × 0.912 = 140.82 × 0.192 = 128.43（元）

轻钢屋架拼装（每榀构件重量 1 t 以内）基价材料费 = 除税计价材料费 = 定额基价中的材料费 × 0.912 = 204.22 × 0.192 = 186.25（元）

轻钢屋架安装（每榀构件重量 1 t 以内）：基价材料费 = 除税计价材料费 = 定额基价中的材料费 × 0.912 = 116.55 × 0.192 = 106.29（元）

1 类金属构件运输（运距 1 km 以内）：基价材料费 = 除税计价材料费 = 定额基价中的材料费 × 0.912 = 72.93 × 0.192 = 66.51（元）

一般钢结构刷油（防锈漆第一遍）：基价材料费 = 除税计价材料费 = 定额基价中的材料费 × 0.912 = 2.55 × 0.192 = 2.33 元

一般钢结构刷油（防银粉漆第一遍）基价材料费 = 除税计价材料费 = 定额基价中的材料费 × 0.912 = 6.57 × 0.192 = 5.99（元）

一般钢结构刷油（防银粉漆第二遍）基价材料费 = 除税计价材料费 = 定额基价中的材料费 × 0.912 = 5.66 × 0.192 = 5.16（元）

注 2：钢板(综合)除税单价按 3 801 元/t 计算；六角空心钢(综合)除税单价按 4731 元/t 计算；电焊条结 422 除税单价按 4.23 元/kg 计算；螺栓(综合)除税单价按 2.97 元/kg 计算；钢轨（38kg/m）除税单价按 2.70 元/kg 计算；酚醛防锈漆各色除税单价按 13.28 元/kg 计算；酚醛清漆除税单价按 20.75 元/kg 计算。

表中未计价材料费 = 未计价材料除税单价 × 定额消耗量，计算如下：

轻钢屋架制作（重量 1 t 以内）：未计价材料费 = 未计价材料除税单价 × 定额消耗量 = 3 801 × 0.194 + 4 731 × 0.866 + 4.23 × 23.577 + 2.97 × 1.741 = 4 939.34（元）

轻钢屋架拼装（每榀构件重量 1 t 以内）未计价材料费 = 未计价材料除税单价 × 定额消耗量 = $2.70 \times 4.685 + 4.23 \times 12.860 = 67.05$（元）

轻钢屋架安装（每榀构件重量 1 t 以内）未计价材料费 = 未计价材料除税单价 × 定额消耗量 = $4.23 \times 2.51 = 10.62$（元）

一般钢结构刷油（防锈漆第一遍）未计价材料费 = 未计价材料除税单价 × 定额消耗量 = $13.28 \times 0.92 = 12.22$（元）

一般钢结构刷油（防银粉漆第一遍）未计价材料费 = 未计价材料除税单价 × 定额消耗量 = $20.75 \times 0.25 = 5.19$（元）

一般钢结构刷油（防银粉漆第二遍）未计价材料费 = 未计价材料除税单价 × 定额消耗量 = $20.75 \times 0.23 = 4.77$（元）

注 3：合价 = 单价 × 数量

管理费和利润 = (人工费 + 机械费 × 0.08) × (0.30 + 0.20)

综合单价 = 小计中人工费 + 材料费 + 机械费 + 管理费和利润

以轻钢屋架制作（重量 1 t 以内）为例计算如下：

人工费 = $1194.94 \times 1.000 = 1194.94$（元）

材料费 = (计价材料除税价 + 未计价材料除税价) × 数量 = (128.43 + 4939.34) × 1.000 = 5 067.77（元）

机械费 = 基价除税机械费 × 数量 = $892.22 \times 1.000 = 892.22$

管理费和利润 = (人工费 + 机械费 × 0.08) × (0.30 + 0.20) = (1194.94 + 892.22 × 0.08) × (0.30 + 0.20) = 633.16（元）

用同样的方法计算其他分项合价中人工费、材料费、机械费及管理费和利润。

7. 单榀钢屋架工程清单与计价表的计算。根据工程量、综合单价，计算出合价、人工费、机械费、暂估价，详见表 8-5。

表 8-5　单榀钢屋架工程量清单与计价表

序号	项目编号	项目名称	项目特征描述	计量单位	工程量	金额/元				
						综合单价	合价	其中		
								人工费	机械费	暂估价
1	010602 001001	钢屋架	1. 单榀钢屋架 0.659 t 2. 涂刷防锈漆两遍，银粉漆两遍	t	0.659	11 191.28	7 375.05	1 451.62	1 318.13	
合　计							7 375.05	1 451.62	1 318.13	

注：合价 = 综合单价 × 工程量
　　人工费 = 单价 × 工程量
　　机械费 = 单价 × 工程量
　　人工费、机械费的单价：表 8-4 小计中的人工费、机械费。

8. 完成单榀钢屋架工程的规费、税金项目（暂不计算）计价表的计算，详见表 8-6。

表 8-6　单楄钢屋架工程规费、税金项目计价

序号	工程名称	计算基础	计算基数	计算费率	金额/元
1	规　费				
1.1	社会保险费、住房公积金、残疾人保证金	工程人工费＋措施项目人工费	1 451.62	26%	377.42
1.2	危险作业意外伤害			1%	14.16
1.3	工程排污费	暂不计算			
2	税　金	暂不计算			
合　计					391.58

注：工程排污费按工程用水量×水的单价计算。

9. 完成单楄钢屋架工程其他项目计价表的计算，详见表 8-7。根据实际情况，逐项填写，未发生的项目即不计算、不填写。（经过双方约定风险费按工程费的 1.5% 计算）其余费用不计算。

表 8-7　单楄钢屋架工程其他项目计价表

序号	工程名称	金额/元	结算金额/元	备注
1	暂列金额			
2	暂估价			
2.1	材料（工程设备）暂估价/结算价			
2.2	专业工程暂估价/结算价			
3	计日工			
4	总承包服务费			
5	其　他			
5.1	人工费调差	1 451.62×15%	217.74	按人工费 15% 计算
5.2	机械费调差			
5.3	风险费	7 375.05×1.5%	110.63	按工程费 1.5% 计算
5.4	索赔与现场签证			
合　计				

10. 完成该单楄钢屋架工程招标控制价表的计算，详见表 8-8。本表的计算，有的项目可以直接抄录有关表格的数据，如人工费、材料费、机械费、管理费和利润；有的项目则需要进行计算，将结果填入表 8-8。

表 8-8　单榀钢屋架工程招标控制价/投标报价汇总表

序号	费用名称	计算基数或计算表达式	费率计算标准	费用金额/元
1	分部分项工程直接费	(人工＋材料＋机械)		
1.1	人工费	$(R)=$		
1.2	材料费	(C)		
1.2.1	除税材料费	定额材料费×0.912		
1.2.2	市场价材料费			
1.3	设备费	(S)		
1.4	机械费	$(J)=$		
1.5	管理费和利润	$(R+J×0.08)×$ ％	％	
2	措施项目费	$(R+J×0.08)×$ ％	％	
2.1	单价措施项目			
2.1.1	人工费			
2.1.2	除税材料费	定额材料费×0.912		
	市场价材料费			
2.1.3	机械费			
2.1.4	管理费和利润			
2.2	总价措施项目费	$(R+J×0.08)×$ ％		
2.2.1	安全文明施工费			
2.2.2	其他总价措施项目费	$(R+J)×$ ％	％	
3	其他项目费			
3.1	暂列金额			
3.2	专业工程暂估价			
3.3	计日工			
3.4	总承包服务费			
3.5	其　他			
3.5.1	人工费调差	(工程＋措施)人工费×15％		
3.5.2	机械费调差			

序号	费用名称	计算基数或计算表达式	费率计算标准	费用金额/元
3.5.3	风险费			
4	规　费			
	税前工程造价	(1+2+3+4)		
5	税　金	(1+2+3+4)×　　%		
6	招标控制价/投标报价合计＝1+2+3+4+5			

本表由学生按实训报告完成。

注1：税前工程造价，是指工程造价的各组成要素价格不含增值税（即可抵扣的进项税税额）的全部价款，即人工费、材料费（计价材费＋未计价材费）、机械费和各种费用中扣除相应进项税税额后计算的价款。

注2：除税机械费＝∑分部分项定额工程量×除税机械费单价×台班消耗量

　　除税机械费单价：见（×建标〔2016〕207号文）的附件二：《×省建设工程施工机械台班除税单价表》。

注3：除税计价材料费计算：

　　除税计价材料费＝单价定额工程量×计价材料费单价×0.912

　　按市场价采购的材料费＝单价定额工程量×计价材料费单价

注4：增值税综合税金费率为：$\begin{cases}市区：11.36\% \\ 县城/镇：11.30\% \\ 其他地区：11.18\%\end{cases}$ 营业税综合税金费率为：$\begin{cases}市区：3.48\% \\ 县城/镇：3.41\% \\ 其他地区：3.28\%\end{cases}$

项目 9 屋面及防水工程造价计算实训

9.1 屋面及防水工程分项工程实训资料

图 9-1 为某一工程屋面，其中女儿墙厚 240 mm，屋面卷材在女儿墙处卷起 250 mm。屋面在依法如下：

1. 4 mm 厚高聚物改性沥青卷材防水层一道；
2. 20 mm 厚 1∶3 水泥砂浆找平层；
3. 干铺炉渣找坡 2%，最薄处 30 mm 厚；
4. 现浇钢筋混凝土板。

试计算出该工程的工程费用。

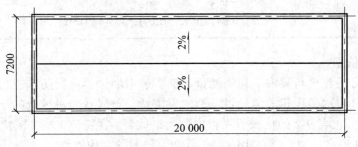

图 9-1 屋面及防水工程示意图

9.2 实训目的要求

1. 熟悉屋面及防水工程中屋面及防水工程的清单工程量计算的方法步骤。
2. 熟悉屋面及防水工程项目某省相关消耗量定额表的应用。
3. 熟悉屋面及防水工程项目清单与计价表的计算方法。
4. 要求完成屋面及防水工程项目的综合单价分析表的计算。
5. 要求完成屋面及防水工程项目的各种费用的计算。
6. 完成屋面及防水工程项目的造价计算。

9.3 实训方法步骤

1. 屋面及防水工程列项，详见表 9-1。

屋面及防水卷材（清单为一项）。项目编号：010902001001（定额则分为三项）。

（1）高聚物改性沥青防水层2层。

（2）25 mm厚1：2.5水泥砂浆找平层。

2. 屋面及防水工程量计算，详见表9-1。

表9-1　屋面及防水工程量计算表

序号	项目编号	项目名称	计算式	单位	数量
3	010902 001001	防水卷材	卷材防水工程量： 屋面面积＝屋面净长×屋面净宽 ＝(20−0.24)×(7.2−0.24)＝137.53 (m²) 女儿墙弯起部分＝女儿墙内周长×卷材弯起高度 ＝(20−0.24＋7.2−0.24)×2×0.25＝13.36 (m²) 屋面卷材工程量＝屋面面积＋女儿墙弯起部分 ＝137.53＋13.36＝150.89 (m²)	m²	150.89
		水泥砂浆找平层	水泥砂浆找平层工程量： 屋面面积＝屋面净长×屋面净宽 ＝(20−0.24)×(7.2−0.24)＝137.53 (m²)	m²	137.53

3. 选择计价依据。

根据某省《房屋建筑与装饰工程消耗量定额》表中的屋面卷材防水工程相关消耗量定额表，查出屋面卷材防水工程相关消耗量定额的人工费、材料费、机械费的单价，如表9-2所示，并填入表9-2。在表9-2的机械费栏目中分为机械费（含税价）及机械费（除税价）两栏。机械费（除税价）在（×建标〔2016〕207号文）的附件2中查询。

表9-2　某省屋面及防水工程相关消耗量定额表

定额编号		01080050	01080051	01090019 换	01090020
项目名称		高聚物改性沥青防水卷材		水泥砂浆找平层	
		热 熔		硬基层上	每增减 5 mm
		单 层	每增一层	20 mm	
单 位		100 m²		100 m²	
基价/元		795.50	623.02	569.88	103.21
其中	人工费	553.20	380.72	501.46	95.82
	材料费	242.30	242.30	39.13	—
	机械费（含税价）	—	—	29.29	7.39
	机械费（除税价）	—	—	28.47	7.18

续表

名　称	单位	单价	数　量			
材料 高聚物改性沥青	m²	—	(122.160)	(109.960)	—	—
Ⅰ级钢筋 HPB300Φ10 以内	t	—	(0.006)	—	—	—
液化石油气	kg	8.50	28.000	28.000	—	—
冷底子油 3:7	kg	8.77	0.490	0.490	—	—
水泥砂浆 1:2.5	m³	—	—	—	(2.020)	(0.510)
素水泥浆	m³	357.66	—	—	—	0.100
水	m³	5.60	—	—	—	0.600
机械 灰浆搅拌机 200 L	台班	86.90	—	—	0.337	0.085

20 厚水泥砂浆找平层机械台班费计算 = 除税台班价 × 台班数量

$$= 84.48 \times 0.337 = 28.47（元）$$

水泥砂浆找平层每增减 5 mm 机械台班费计算 = 除税台班价 × 台班数量

$$= 84.47 \times 0.085 = 7.18（元）$$

注 2：2016 年 5 月 1 日前签订工程合同或已经开工的工程项目，可以按营改增之前的计算方法计算；2016 年 5 月 1 日后签订工程合同的工程项目，必须按营改增的方法计算。即机械台班费按除税台班价计算。

4. 屋面及防水工程综合单价分析表的计算。根据表 9-2 中查出的项目定额单位以及人工费、材料费、机械费的单价，分别填入表 9-3（表 9-2 的单位与表 9-3 不同，填入时要注意工程量清单的单位与定额单价的统一性）。屋面及防水工程综合单价分析计算在表中人、材、机的相应单价栏内，并计算出该屋面卷材防水工程的人工费、材料费、机械台班费的合价、管理费和利润、综合单价，详见表 9-3。

表 9-3　屋面卷材防水工程综合单价分析表

编号	项目编码	项目名称	计量单位	工程量	定额编号	定额名称	定额单位	数量	单价/元 基价 人工	材料费	机械费	未计价材料费	合价/元 人工费	材料费+未计价材料费	机械费	管理费和利润	综合单价
1	010902 001001	屋面卷材 防水	m²	150.89	0108 0050	高聚物改性沥青防水卷材	100 m²	0.010	553.20	242.30	0.00	24.42 24.00	5.53	2.67 24.00	0.00	3.04	35.24
				150.89	0108 0051	卷材每增一层	100 m²	0.010	380.72	242.30	0.00	24.00	3.8	2.42 24.00	0.00	2.09	32.31
				137.53	0109 0019	20 厚水泥砂浆找平层	100 m²	0.009	501.46	39.13	28.47	320	4.51	3.23	0.26	2.49	10.49

编号	项目编码	项目名称	计量单位	工程量	定额编号	定额名称	定额单位	数量	基价 人工	基价 材料费	基价 机械费	未计价材料费	人工费	材料费＋未计价材料费	机械费	管理费和利润	综合单价
				137.53	0109 0020	找平层每增减 5 mm	100 m²	0.009	95.82	0.00	7.18	320	0.86	2.88	0.06	0.48	4.28
							小计						14.7	11.20 48.00	0.32	8.1	82.32

注1：相对数量＝定额量/扩大倍数/清单量。

注2：高聚物改性沥青防水卷材单价按 24.00 元/m² 计算。

注3：圆钢单价按 4 070.00 元/t 计算。

高聚物改性沥青卷材钢筋材料费计算：0.006×4070＝24.42（元/100 m²）。

注4：1∶2.5 水泥砂浆按 320 元/m³ 计算。

注5：合价＝单价×数量

管理费和利润＝(人工费＋机械费×0.08)×(0.33＋0.20)

综合单价＝人工费＋材料费＋机械费＋管理费和利润

$$综合单价 = \frac{\sum 人工合价 + \sum 材料合价 + \sum 机械合价 + \sum 管理费和利润}{清单工程量}$$

注6：增值税后除税的计价材料费计算公式：

除税的计价材料费（包括计价材费和未计价材料费）

除税计价材料费＝定额基价中的材料费×0.912

（已按当期市场价格进行调整的计价材料费不得再计算此系数）

屋面卷材防水清单人工费单位合价（010902001001）为高聚物改性沥青卷材、卷材每增一层、水泥砂浆找平层、找平层每增减 5 mm 人工费之和。

高聚物改性沥青卷材人工费＝1.53×553.2÷153.89＝5.53（元/m²）

卷材每增一层人工费＝1.53×380.72÷153.89＝3.81（元/m²）

水泥砂浆找平层人工费＝1.38×501.46÷153.89＝4.5（元/m²）

找平层每增减 5 mm 人工费＝1.38×95.82÷153.89＝0.86（元/m²）

屋面卷材防水清单人工费单价＝5.53＋3.81＋4.5＋0.86＝14.7（元/m²）

5. 卷材防水工程清单与计价表的计算。根据工程量、综合单价，计算出合价、人工费、机械费、暂估价，详见表 9-4。

表 9-4　屋面卷材防水工程量清单与计价表

序号	项目编码	项目名称	项目特征描述	计量单位	工程量	金额/元 综合单价	金额/元 合价	其中 人工费	其中 机械费	其中 暂估价
1	010902 001001	屋面卷材防水	25 mm 厚 1∶2.5 水泥砂浆找平层 热熔法铺贴高聚物改性沥青卷材	m²	150.89	82.32	12 421.26	14.7	0.32	
			合　计				12 421.26	2 218.08	48.28	

注：合价＝综合单价×数量

人工费＝单价×数量

机械费＝单价×数量

人工费、机械费的单价：表 9-3 人工费、机械费中的合价。

屋面卷材防水工程人工费 = 2218.08

屋面卷材防水工程出税材料费计算 = $11.2 \times 150.89 \times 0.912 = 1\,689.97 \times 0.912$

$= 1\,541.25$（元）

市场价格屋面卷材防水工程清单材料费 = $24 \times 150.89 + 24 \times 150.89 = 3\,621.36 + 3\,621.36$

$= 7\,242.72$（元）

屋面卷材防水工程清单除税机械费单价 = $28.47 \times 1.38 \div 150.89 + 7.18 \times 1.38 \div 150.89$

$= 0.33$（元/m³）

屋面卷材防水工程清单除税机械费 = $0.33 \times 150.89 = 49.79$（元）

6. 完成屋面卷材防水工程的规费、税金项目（暂不计算）计价表的计算，详见表 9-5。

表 9-5　屋面卷材防水工程规费、税金项目计价

序号	工程名称	计算基础	计算基数	计算费率	金额/元
1	规　费				
1.1	社会保险费、住房公积金、残疾人保证金	工程人工费	2 218.08	26%	576.7
1.2	危险作业意外伤害			1%	22.18
1.3	工程排污费	暂不计算			
2	税　金	暂不计算			
	合　计				598.88

注：工程排污费按工程用水量×水的单价计算。

7. 完成屋面卷材防水工程其他项目计价表的计算，详见表 9-6。根据实际情况，逐项填写，未发生的项目不计算、不填写。（经过双方约定风险费按工程费的 1.5% 计算）其余费用不计算。

表 9-6　屋面卷材防水工程其他项目计价表

序号	工程名称	金额/元	结算金额/元	备　注
1	暂列金额			
2	暂估价			
2.1	材料（工程设备）暂估价/结算价			
2.2	专业工程暂估价/结算价			
3	计日工			
4	总承包服务费			
5	其　他			
5.1	人工费调差	2 218.08×15%	332.7	按人工费 15% 计算
5.2	机械费调差			
5.3	风险费			
5.4	索赔与现场签证			
	合　计			

8. 完成该屋面卷材防水工程招标控制价表的计算，详见表 9-7。本表的计算，有的项目可以直接抄录有关表格的数据，如人工费、材料费、机械费、管理费和利润；有的项目则要进行计算后再填入表 9-7。

表 9-7　屋面卷材防水工程招标控制价/投标报价汇总表

序号	费用名称	计算基数或计算表达式	费率计算标准	费用金额/元
1	分部分项工程直接费	$(1.1+1.2+1.3+1.4+1.5)$		
1.1	人工费	$(R)=$		
1.2	材料费	$(C)=(1.2.1+1.2.2)$		
1.2.1	除税材料费	定额材料费 × 0.912	$1\ 689.97 \times 0.912$	
1.2.2	市场价材料费		$7\ 242.72$	
1.3	设备费	(S)		
1.4	机械费	$(J)=$		
	除税机械费			
1.5	管理费和利润	$(R+J\times0.08)\times$　%	%	
2	措施项目费	$(2.1.1+2.1.2+2.1.3+2.1.4)$	%	
2.1	单价措施项目			
2.1.1	人工费			
2.1.2	除税材料费	定额材料费 × 0.912		
	市场价材料费			
2.1.3	机械费			
2.1.4	管理费和利润			
2.2	总价措施项目费	$(R+J\times0.08)\times$　%		
2.2.1	安全文明施工费			
2.2.2	其他总价措施项目费	$(R+J)\times$　%	%	
3	其他项目费			
3.1	暂列金额			
3.2	专业工程暂估价			
3.3	计日工			
3.4	总承包服务费			
3.5	其　他			

续表

序号	费用名称	计算基数或计算表达式	费率计算标准	费用金额/元
3.5.1	人工费调差	(工程+措施)人工费×15%		
3.5.2	机械费调差			
3.5.3	风险费			
4	规费			
	税前工程造价	(1+2+3+4)		
5	税 金	(1+2+3+4)× %		
6	招标控制价/投标报价合计＝1+2+3+4+5			

本表由学生按实训报告完成。

注1：税前工程造价，是指工程造价的各组成要素价格不含增值税（即可抵扣的进项税税额）的全部价款，即人工费、材料费（计价材费+未计价材费）、机械费和各种费用中扣除相应进项税税额后计算的价款。

注2：除税机械费＝$\sum$分部分项定额工程量×除税机械费单价×台班消耗量

除税机械费单价：见（云建标〔2016〕207号文）的附件二：《云南省建设工程施工机械台班除税单价表》。

注3：除税计价材料费计算：

除税计价材料费＝单价定额工程量×计价材料费单价×0.912

按市场价采购的材料费＝单价定额工程量×计价材料费单价

注4：增值税综合税金费率为：$\begin{cases}市区：11.36\% \\ 县城/镇：11.30\% \\ 其他地区：11.18\%\end{cases}$　营业税综合税金费率为：$\begin{cases}市区：3.48\% \\ 县城/镇：3.41\% \\ 其他地区：3.28\%\end{cases}$

项目 10 楼地面工程造价计算实训

10.1 楼地面分项工程实训资料

某房屋做木地板如图 10-1 及图 10-2 所示：

M1 均与墙内平且朝内开；

木龙骨单向单层@250；

18 mm 细木工板基层；

免漆免刨木地板面层；

硬木踢脚线，毛料断面 120 mm×20 mm，钉在砖墙上。

完成该木地板装饰工程数量计算，并计算出该木地板工程的工程造价。人工费调差按工程人工费的 15% 计算，风险费按工程费的 1.5% 计算。

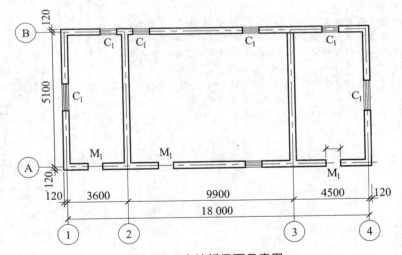

图 10-1 木地板平面示意图

图 10-2 木地板铺装示意图

10.2　楼地面分项工程实训目的要求

1. 熟悉楼地面工程的清单工程量计算的方法步骤。
2. 熟悉楼地面工程项目清单与计价表的计算方法。
3. 熟悉楼地面工程项目某省土石方工程相关消耗量定额表的应用。
4. 要求完成楼地面工程项目的综合单价分析表的计算。
5. 要求完成楼地面程项目的各种费用的计算。
6. 完成楼地面项目各分项工程的造价计算。

10.3　实训方法步骤

1. 块料面层工程列项，由图 10-1 可知，该木地板工程，定额列项可分为：
（1）木龙骨，定额编号为：01090163，定额单位 100 m^2。
（2）细木工板基层，定额编号为：01090164，定额单位 100 m^2。
（3）木地板，定额编号为：01090159，定额单位 100 m^2。
（4）硬木踢脚线，定额编号为：01090165，定额单位 100 m。
清单列项为：竹木地板，清单编号为：011104002
　　　　　　木质踢脚线，清单编号为：011105006。
列项项目详见表 10-1。
2. 清单工程量计算，详见表 10-1。

表 10-1　楼地面工程量计算表

序号	项目编号	项目名称	单位	数量	计算式
		木地板面层	m^2	83.98	$(18-0.24\times3)\times(5.1-0.24)=83.98$
	010101 002001	木龙骨	m^2	83.98	$(18-0.24\times3)\times(5.1-0.24)=83.98$
1		细木工木地板	m^2	83.98	$(18-0.24\times3)\times(5.1-0.24)=83.98$
	011105 006001	硬木踢脚线	m	61.02	$(18-0.24\times3)\times2+(5.1-0.24)\times6-0.9\times3=61.02$

3. 选择计价依据。

根据某省《房屋建筑与装饰工程消耗量定额》表中的楼地面工程相关消耗量定额表，查出楼地面工程相关消耗量定额的人工费、材料费、机械费的单价，并填入表 10-2。

表 10-2　某省楼地面工程相关消耗量定额表

定额编号			01090159	01090163	01090164	01090165	
项目名称			实木地板	木地板龙骨	细木工板	木踢脚线	
单　位			100 m²	100 m²	100 m²	100 m	
基价/元			1 000.41	1 741.92	2 663.52	401.07	
其中	人工费		930.41	899.11	343.99	343.99	
	材料费		70.00	842.81	42.49	42.49	
	机械费（含税价）		—	—	14.59	14.59	
	机械费（除税价）				12.63	12.63	
名　称	单位	单价/元	数　量				
材料	实木地板	m²	300	(105.0))0	—	—	—
	地　垫	m²		(103.000)			
	木工板	m²	90	—	—	(105.0)	—
	木踢脚	m		—	—		(105.0)
	铁　钉	kg	5.3	—	—	8.54	—
	据　材	m³	1 200	—	0.56	—	—
	其他材料费	元	1	70	170.81		
机械	木工圆锯机	台班	27.02			0.54	0.54

　　4. 楼地面工程综合单价分析表的计算。根据表 10-2 中查出的项目定额单位以及人工费、材料费、机械费的单价，分别填入表 10-3（表 10-2 的单位与表 10-3 不同，填入时要注意工程量清单的单位与定额单价的统一性）。楼地面工程综合单价分析计算在表中人、材、机的相应单价栏内，并计算出该楼地面工程的人工费、材料费、机械台班费的合价、管理费和利润、综合单价，详见表 10-3。

表 10-3　楼地面工程综合单价分析表

编号	项目编码	项目名称	计量单位	工程量	清单综合单价组成明细											综合单价
					定额编号	定额名称	定额单位	数量	单价/元			未计价材料费	合价/元				
									基　价				人工费	材料费＋未计价材料费	机械费	管理费和利润	
									人工费	材料费	机械费						
1	0111 0400 2001	木地板	m²	83.98	0109 0163	木龙骨	100 m²	0.01	899.11	842.81	0	10 500	8.99	113.43	0	4.77	596.85
					0109 0157	细木工板	100 m²	0.01	652.53	77.84	12.63	13 440	6.52	135.18	0.13	3.46	
					0109 0159	实木地板	100 m²	0.01	930.41	70	0	30 944	9.30	310.14	0	4.93	
					小　计								24.81	558.75	0.13	13.16	

续表

编号	项目编码	项目名称	计量单位	工程量	清单综合单价组成明细												
					定额编号	定额名称	定额单位	数量	单价/元			未计价材料费	合价/元				综合单价
									基 价				人工费	材料费+未计价材料费	机械费	管理费和利润	
									人工费	材料费	机械费						
2	0111 0500 6001	踢脚线	m	61.02	0109 0165	成品木踢脚线	100 m	0.01	343.99	42.49	12.63	1344.0	3.44	13.86	0.13	1.83	17.43

注：增值税后除税的计价材料费计算公式：

除税的计价材料费（包括计价材费和未计价材费）

除税计价材料费 = 定额基价中的材料费 × 0.912

（已按当期市场价格进行调整的计价材料费不得再计算此系数）

楼地面工程的材料费计算：

558.75 × 83.98 = 46 923.83（元）

17.43 × 61.02 = 1 063.58（元）

除税材料费单价 = (46 923.83 + 1 063.58) × 0.912 = 47 987.41 × 0.912 = 43 764.52（元）

5. 楼地面工程措施项目综合单价分析表的计算。根据表 10-2 查出的项目定额单位以及人工费、材料费、机械费的单价，分别填入表 10-4（表 10-2 的单位与表 10-4 不同，填入时要注意工程量清单的单位与定额单价的统一性）。分别计算出该分项工程的人工费、材料费、机械台班费的合价、措施项目的管理费和利润、措施项目的综合单价，详见表 10-4。

表 10-4 楼地面工程措施项目综合单计价分析表

编号	项目编码	项目名称	计量单位	工程量	清单综合单价组成明细												
					定额编号	定额名称	定额单位	数量	单价/元			未计价材料费	合价/元				综合单价
									基 价				人工费	材料费+未计价材料费	机械费	管理费和利润	
									人工费	材料费	机械费						

注：增值税后除税的计价材料费计算公式：

除税的计价材料费（包括计价材费和未计价材费）

除税计价材料费 = 定额基价中的材料费 × 0.912

（已按当期市场价格进行调整的计价材料费不得再计算此系数）

此木地板工程无计价性措施费，故不计算。

6. 木地板工程量清单与计价表的计算。根据工程量、综合单价，计算出合价、人工费、机械费、暂估价，详见表 10-5。

表 10-5　楼地面工程量清单与计价表

序号	项目编号	项目名称	项目特征描述	计量单位	工程量	综合单价	合价	其中		
								人工费	机械费	暂估价
1	011104 002001	木地板	木龙骨单向单层@250；18 mm 细木工板基层；免漆免刨木地板面层	m²	83.98	596.85	50 123.46	2 083.54	10.92	
2	011105 006001	踢脚线	硬木踢脚线，毛料断面 120 mm×20 mm，钉在砖墙上	m	61.02	5.82	355.14	209.91	7.93	
合　计							50 478.60	2 293.45	18.85	

注：合价＝综合单价×数量
　　人工费＝单价×数量
　　机械费＝单价×数量
　　人工费、机械费的单价：表 10-3、表 10-4 人工费、机械费中的合价。

7. 完成木地板工程的规费、税金项目（暂不计算）计价表的计算，详见表 10-6。

表 10-6　楼地面工程规费、税金项目计价

序号	工程名称	计算基础	计算基数	计算费率	金额/元
1	规　费				
1.1	社会保险费、住房公积金、残疾人保证金	工程人工费＋措施项目人工费	2 293.45	26%	596.30
1.2	危险作业意外伤害			1%	22.93
1.3	工程排污费	200			200
2	税　金	暂不计算			
合　计					819.22

注：工程排污费按工程用水量×水的单价计算。

8. 完成木地板工程其他项目计价表的计算，详见表 10-7。根据实际情况，逐项填写，未发生的项目不计算、不填写。其余费用不计算。

表 10-7　楼地面工程其他项目计价表

序号	工程名称	金额/元	结算金额/元	备注
1	暂列金额			
2	暂估价			
2.1	材料（工程设备）暂估价/结算价			
2.2	专业工程暂估价/结算价			

续表

序号	工程名称	金额/元	结算金额/元	备注
3	计日工			
4	总承包服务费			
5	其他			
5.1	人工费调差	2 293.45×15%	344.02	按人工费 15% 计算
5.2	机械费调差			
5.3	风险费			
5.4	索赔与现场签证			
	合计			

9. 完成该木地板工程招标控制价表的计算，详见表 10-8。本表的计算，有的项目可以直接抄录有关表格的数据，如人工费、材料费、机械费、管理费和利润；有的项目则需要进行计算，将结果填入表 10-8。

表 10-8 楼地面工程招标控制价/投标报价汇总表

序号	费用名称	计算基数或计算表达式	费率计算标准	费用金额/元
1	分部分项工程费	$(1.1+1.2+1.3+1.4+1.5)$		
1.1	人工费	$(R)=2\ 293.45$		
1.2	材料费	$(C)=(1.2.1+1.2.2)$		
1.2.1	除税材料费	定额材料费×0.912	47 987.41×0.912	
1.2.2	市场价格材料费			
1.3	设备费	(S)		
1.4	机械费	$(J)=$		
1.4.1	除税机械费	$(J)=$		
1.5	管理费和利润	$(R+J\times0.08)\times53\%$	53%	
2	措施项目费	$(2.1.1+2.1.2+2.1.3+2.1.4+$ $2.1.5+2.2+2.1.2.1+2.1.3+2.2)$		
2.1	单价措施项目			
2.1.1	人工费			
2.1.2	材料费	$(C)=(2.1.2.1+2.1.2.2)$		
2.1.2.1	除税材料费			
2.1.2.2	市场价格材料费			
2.1.3	机械费			
	除税机械费	$(J)=$		

序号	费用名称	计算基数或计算表达式	费率计算标准	费用金额/元
2.1.4	管理费和利润			
2.1.5	大型机械进出场费			
2.2	总价措施项目费	$(R+J\times0.08)\times7.95\%$	$(2+5.95)\%$	
2.2.1	安全文明施工费	$(R+J\times0.08)\times$ %		
2.2.2	其他总价措施项目费	$(R+J)\times$ %	%	
3	其他项目费	$(3.1+3.2+3.3+3.4+3.5)$		
3.1	暂列金额			
3.2	专业工程暂估价			
3.3	计日工			
3.4	总承包服务费			
3.5	其他	$(3.5.1+3.5.2+3.5.3)$		
3.5.1	人工费调差	定额人工费×15%	15%	
3.5.2	材料费价差			
3.5.3	机械费价差			
4	规费			
	税前工程造价	$(1+2+3+4)$		
5	税金	$(1+2+3+4)\times$ %		
6	招标控制价/投标报价合计 $=1+2+3+4+5$			

本表由学生计算完成，作为实训报告。

注1：税前工程造价，是指工程造价的各组成要素价格不含增值税（即可抵扣的进项税税额）的全部价款，即人工费、材料费（计价材费＋未计价材费）、机械费和各种费用中扣除相应进项税税额后计算的价款。

注2：除税计价材料费计算：

除税计价材料费＝单价定额工程量×计价材料费单价×0.912

按市场价采购的材料费＝单价定额工程量×计价材料费单价

注3：增值税综合税金费率为：$\begin{cases}市区：11.36\%\\县城/镇：11.30\%\\其他地区：11.18\%\end{cases}$ 营业税综合税金费率为：$\begin{cases}市区：3.48\%\\县城/镇：3.41\%\\其他地区：3.28\%\end{cases}$

项目 11 墙、柱面与隔断、幕墙装饰工程造价计算实训

11.1 墙面装饰分项工程实训资料

如图 11-1 和 11-2 所示为某单位接待室的平面图和立面图，该工程为单层的砖混结构。其中 M_1：900 mm × 2 400 mm；M_2：2 000 mm × 2 400 mm（门宽 900 mm）；C_1：1 500 mm × 1 500 mm，门窗均采用 38 系列实腹钢门窗，对中立樘，框宽 40 mm。墙柱面装修做法：

（1）混合砂浆刷乳胶漆内墙面：1:1:6 混合砂浆底 16 mm 厚，1:1:4 混合砂浆面 5 mm 厚，面满刮腻子两遍、刷乳胶漆两遍。

（2）白瓷砖内墙裙：1:3 水泥砂浆打底扫光 10 mm，1:2 水泥砂浆贴 200 mm × 150 mm 白瓷砖，勾缝剂擦缝。

（3）贴面砖外墙面：1:2 水泥砂浆打底、找平层 13 mm，1:2 的水泥砂浆贴 200 mm × 150 mm 面砖（缝宽 10 mm）。试计算出该接待室墙面装饰工程的清单工程量及墙面装饰工程的工程造价费用。（室内白瓷砖墙裙高 900 mm）

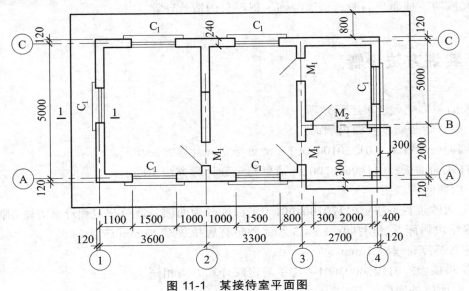

图 11-1 某接待室平面图

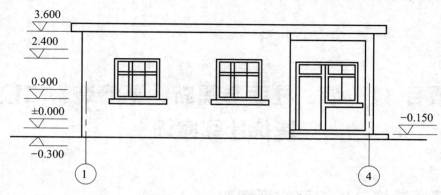

图 11-2　某接待室正立面图

11.2　实训目的要求

1. 熟悉墙、柱面与隔断、幕墙装饰工程中内墙面和外墙面装饰工程的清单工程量计算的方法步骤。

2. 熟悉墙、柱面与隔断、幕墙装饰工程中某省内墙面和外墙面工程相关消耗量定额表的应用。

3. 熟悉墙、柱面与隔断、幕墙装饰工程项目清单与计价表的计算方法。

4. 要求完成墙、柱面与隔断、幕墙装饰工程的综合单价分析表的计算。

5. 要求完成墙、柱面与隔断、幕墙装饰工程的各种费用的计算。

6. 完成墙、柱面与隔断、幕墙装饰工程项目的造价计算。

11.3　实训方法步骤

1. 墙面装饰工程清单工程列项，详见表 11-1。

（1）混合砂浆刷乳胶漆内墙面：

① 墙面一般抹灰：011201001001（清单与定额计算方法相同）。

② 抹灰面油漆：011406001001（清单与定额计算方法相同）。

（2）白瓷砖内墙裙：

① 立面砂浆找平层：011201004001（定额则分为两项，清单与定额计算方法相同）。

a. 镶贴块料面层底层抹灰（1∶3 水泥砂浆打底抹灰厚 13 mm 砖墙）。

b. 抹灰厚度每增减 1 mm。

② 块料墙面：011204003001（清单与定额计算方法相同）。

（3）贴面砖外墙面：

① 立面砂浆找平层：011201004002（清单与定额计算方法相同）。

② 块料墙面：011204003002（清单与定额计算方法相同）。

2. 墙面装饰清单工程量计算，详见表 11-1。

表 11-1 墙面装饰清单工程量计算表

序号	项目编号	项目名称	计算式	单位	数量
1	011201001001	内墙墙面一般抹灰	$S = L_{11} \times 11S_1 = 42.32 \times 2.7 - 23.25 = 91.01 \ (\mathrm{m}^2)$ 其中： $L_内 = [(3.6 - 0.24) + (5.0 - 0.24)] \times 2 +$ $\qquad [(3.0 - 0.24) + (5.0 - 0.24)] \times 2 +$ $\qquad [(2.7 - 0.24) + (3.0 - 0.24) \times 2]$ $\qquad = 42.32 \ (\mathrm{m})$ $h = (3.6 - 0.9) = 2.7 \ (\mathrm{m})$ $S_扣 = 1.5 \times 1.5 \times 6 + 0.9 \times (2.4 - 0.9) \times 5 +$ $\qquad 2.0 \times (2.4 - 0.9) = 23.25 \ (\mathrm{m}^2)$	m^2	91.01
2	011406001001	内墙抹灰面油漆	$S = L_{11} \times 11S_1$(同内墙面一般抹灰)$= 91.01$	m^2	91.01
3	011201004001	内墙裙立面砂浆找平层	$S = L_{11} \times 11S_1 = 42.32 \times 0.9 - 4.86 = 33.23 \ (\mathrm{m}^2)$ 其中： $L_内 = [(3.6 - 0.24) + (5.0 - 0.24)] \times 2 +$ $\qquad [(3.0 - 0.24) + (5.0 - 0.24)] \times 2 +$ $\qquad [(2.7 - 0.24) + (3.0 - 0.24) \times 2]$ $\qquad = 42.32 \ (\mathrm{m})$ $h = 0.9 \ \mathrm{m}$ $S_扣 = 0.9 \times 0.9 \times 5 + 0.9 \times 0.9 = 4.86 \ (\mathrm{m}^2)$	m^2	33.23
4	011204003001	内墙群块料墙面	$42.32 \times 0.9 - 4.86 + 1.08 = 34.31 \ (\mathrm{m}^2)$ 其中： $L_内 = [(3.6 - 0.24) + (5.0 - 0.24)] \times 2 +$ $\qquad [(3.0 - 0.24) + (5.0 - 0.24)] \times 2 +$ $\qquad [(2.7 - 0.24) + (3.0 - 0.24) \times 2]$ $\qquad = 42.32 \ (\mathrm{m})$ $h = 0.9 \ \mathrm{m}$ $S_扣 = 0.9 \times 0.9 \times 5 + 0.9 \times 0.9 = 4.86 \ (\mathrm{m}^2)$ 门窗洞口侧壁宽度为：$(0.24 - 0.04)/2 = 0.1 \ (\mathrm{m})$ $S_墙 = 0.1 \times 0.9 \times 2 \times 6 = 1.08 \ (\mathrm{m}^2)$	m^2	34.31
5	011201004002	外墙面立面砂浆找平层	$S = L_{11} \times 11S_1 = 30.16 \times 3.9 - 19.47 = 98.15 \ (\mathrm{m}^2)$ 其中： $L_外 = [(3.6 + 3.3 + 2.7 + 0.24) + (5.0 + 0.24)] \times 2 = 30.16 \ (\mathrm{m})$ $h = 3.6 + 0.3 = 3.9 \ (\mathrm{m})$ $S_{门窗} = 1.5 \times 1.5 \times 6 + 0.9 \times 2.4 + (2.0 \times 2.4 - 1.1 \times 0.9) = 19.47 \ (\mathrm{m}^2)$	m^2	98.15

序号	项目编号	项目名称	计算式	单位	数量
6	011204003002	外墙面块料墙面	$30.16 \times 3.9 - 20.18 + 4.96 = 102.40$ （m²） 其中： $L_外 = [(3.6 + 3.3 + 2.7 + 0.24) + (5.0 + 0.24)] \times 2 = 30.16$ m $h = 3.6 + 0.3 = 3.9$ m $S_扣 = 1.5 \times 1.5 \times 6 + 0.9 \times 2.4 + (2.0 \times 2.4 - 1.1 \times 0.9) +$ 　　$(2.0 + 2.7) \times 0.15 = 20.18$ m² 门窗洞口侧壁宽度为：$(0.24 - 0.04)/2 = 0.1$ （m） $S_增 = 0.1 \times 1.5 \times 4 \times 6 + 0.1 \times (2.4 \times 2 + 0.9) +$ 　　$0.1 \times (2.4 \times 2 + 2.0 + 1.1) = 4.96$ （m²）	m²	102.40

3. 选择计价依据

根据某省《房屋建筑与装饰工程消耗量定额》表中的墙面装饰工程相关消耗量定额表，查出墙面装饰工程相关消耗量定额的人工费、材料费、机械费的单价，并填入表 11-2。在表 11-2 的机械费栏目中分为机械费（含税价）及机械费（除税价）两栏。机械费（除税价）在（×建标〔2016〕207 号文）的附件 2 中查询。

表 11-2　某省墙面装饰工程相关消耗量定额表

	定额编号	01100015	01120178	01100059	01100063	01100163	01100146
		混合砂浆抹灰	乳胶漆	立面砂浆找平层	立面砂浆找平层	内墙面釉面砖（水泥砂浆粘贴）	外墙面水泥砂浆粘贴面砖
	项目名称	砖、混凝土基面	抹灰面	1：3 水泥砂浆打底抹底厚 13 mm	抹灰厚度每增减1 mm	周长（mm以内）	周长（mm以内）
		9 + 7 + 5 mm	二遍	砖墙		800	800
	单　位	100 m²	100 m²	100 m²	100 m²	100 m²	100 m²
	基价/元	1 227.03	884.88	732.58	24.44	2 984.57	3 711.73
其中	人工费	1 188.81	715.46	700.76	22.36	2 917.40	3 600.85
	材料费	4.42	169.42	10.09	0.34	48.94	93.78 7 117.10
	机械费（含税价）	33.80	—	21.73	1.74	18.23	17.10
	机械费（除税价）	32.86	—	21.12	1.69	17.13	16.03

续表

名　称	单位	单价/元	数　量					
材料 抹灰混合砂浆 1：1：6	m³	—	(1.740)	—	—	—	—	—
抹灰混合砂浆 1：1：4	m³	—	(0.570)	—	—	—	—	—
水	m³	5.60	0.789	—	0.820	0.060	0.900	0.900
滑石粉	kg	—	(13.860)	—	—	—	—	—
乳胶漆	kg	—	(28.350)	—	—	—	—	—
大白粉	kg	0.40	—	52.800	—	—	—	—
羟甲纤维素	kg	26.00	—	1.200	—	—	—	—
聚醋酸 乙烯乳液	kg	18.75	—	6.000	—	—	—	—
豆包布（白布） 0.9 m 宽	m	3.20	—	0.180	—	—	—	—
砂纸	张	0.50	—	6.000	—	—	—	—
石膏粉	kg	0.50	—	2.050	—	—	—	—
水泥砂浆 1：3	m³	—	—	—	(1.470)	(0.110)	—	—
其他材料费	元	1.00	—	—	5.500	—	—	—
全瓷墙面砖 200×150	m²	—	—	—	—	—	(103.50)	(103.500)
水泥砂浆 1：2	m³	—	—	—	—	—	(0.820)	(0.820)
白水泥	kg	0.50	—	—	—	—	20.600	20.600
石材切割锯片	片	23.00	—	—	—	—	1.000	1.000
棉纱头	kg	10.60	—	—	—	—	1.000	1.000
建筑胶	kg	1.28	—	—	—	—	—	35.030
机械 灰浆搅拌机 200 L	台班	86.90	0.389	—	0.250	0.020	0.150	0.137
石料切割机	台班	34.66	—	—	—	—	0.150	0.150

混合砂浆抹灰机械台班费计算 = 除税台班价 × 台班数量 = 84.48 × 0.389 = 32.86（元）

立面砂浆找平层机械台班费计算 = 除税台班价 × 台班数量 = 84.48 × 0.250 = 21.12（元）

抹灰厚度每增减 1 mm 机械台班费计算 = 除税台班价 × 台班数量

$$= 84.48 × 0.020 = 1.69（元）$$

内墙面釉面砖机械台班费计算 = 除税台班价 × 台班数量

$$= 84.48 × 0.150 + 29.74 × 0.150 = 17.13（元）$$

外墙面水泥砂浆粘贴面砖机械台班费计算 = 除税台班价 × 台班数量

$$= 84.48 \times 0.137 + 29.74 \times 0.150 = 16.03（元）$$

注 1：2016 年 5 月 1 日前签订工程合同或已经开工的工程项目，可以按营改增之前的计算方法计算；2016 年 5 月 1 日后签订工程合同的工程项目，必须按营改增的方法计算。即机械台班费按除税台班价计算。

4. 墙面装饰工程综合单价分析表的计算。根据表 11-2 中查出的项目定额单位，将人工费、材料费、机械费的单价分别填入表 11-3（表 11-2 的单位与表 13-3 不同，填入时要注意工程量清单的单位与定额单价的统一性）。墙面装饰工程综合单价分析计算在表中人、材、机的相应单价栏内，并计算出该挡土墙工程的人工费、材料费、机械台班费的合价、管理费和利润、综合单价，详见表 11-3。

表 11-3　墙面装饰工程综合单价分析表

编号	项目编码	项目名称	计量单位	工程量	定额编号	定额名称	定额单位	数量	人工	材料费	机械费	未计价材料费	人工费	材料费+未计价材料费	机械费	管理费和利润	综合单价
1	011201001001	墙面一般抹灰(内墙面)	m²	91.01	01100015	混合砂浆抹灰	100 m²	0.010	1 188.81	4.42	32.86	658.83	11.89	0.04+6.59	0.33	6.32	25.17
2	011406001001	抹灰面油漆(内墙面)	m²	91.01	01120178	乳胶漆(抹灰面)	100 m²	0.010	715.46	169.42	—	601.05	7.15	1.69+6.01	—	3.79	18.64
3	011201004001	立面砂浆找平(内墙裙)	m²	33.23	01100059	1:3水泥砂浆打抹底厚13mm墙	100 m²	0.010	700.76	10.09	21.12	429.45	7.01	0.10+4.29	0.21	3.72	13.29
					-3*01100063	抹灰厚度每增减1mm	100 m²	0.010	22.36	0.34	1.69	32.14	0.22	0.003+0.32	0.017	0.12	
4	011204003001	块料墙面(内墙裙)	m²	34.31	01100163	内墙面釉面砖(800 mm以内)	100 m²	0.010	2917.40	48.94	21.12	9597.87	29.17	0.48+95.98	0.21	15.47	141.31
5	011201004002	立面砂浆找平(外墙面)	m²	98.15	01100059换	1:3水泥砂浆打抹底厚13mm砖墙	100 m²	0.010	700.76	10.09	17.13	507.09	7.01	0.10+5.07	0.17	3.72	16.07
6	011204003002	块料墙面(外墙面)	m²	102.40	01100146	水泥砂浆粘贴面砖(800 mm以内)	100 m²	0.010	3 600.85	93.78	16.03	9 597.87	36.01	0.94+95.98	0.16	19.09	152.18
小计													7 320.12	283.01+14 876.43	75.59	3 882.47	

注 1：部分材料按以下价格计算：

水泥 P.S32.5（袋装）416 元/m³，细砂 98 元/m³，水 5.6 元/m³，石灰膏 0.33 元/kg；

乳胶漆 20.81 元/kg，滑石粉 0.8 元/kg；

200 mm × 150 mm 面砖 90 元/m²。

注 2：查抄相关项目内容，确定单价：

1:1:6 混合砂浆单价：277.79 元/m³

1:1:4 混合砂浆单价：307.86 元/m³

1:3 水泥砂浆单价：292.14 元/m³

1∶2 水泥砂浆单价：344.96 元/m³

注3：合价 = 单价 × 数量

管理费和利润 = (人工费 + 机械费 × 0.08) × (0.33 + 0.20)

综合单价 = 人工费 + 材料费 + 机械费 + 管理费和利润

$$综合单位 = \frac{\sum 人工合价 + \sum 材料合价 + \sum 机械合价 + \sum 管理费和利润}{清单工程量}$$

注4：增值税后除税的计价材料费计算公式：

除税材料费（包括计价材费和未计价材费）

除税计价材料费 = 定额基价中的材料费 × 0.912

（已按当期市场价格进行调整的计价材料费不得再计算此系数）

出税材料费 = 除税计价材料费 + 除税未计价材费

= 定额基价中的材料费 × 0.912 + 未计价材费

= 283.95 × 0.912 + 14 876.25

= 15 135.21（元）

5. 墙面装饰工程清单与计价表的计算。根据工程量、综合单价，计算出合价、人工费、机械费、暂估价，详见表 11-4。

表 11-4　墙面装饰工程量清单与计价表

序号	项目编号	项目名称	项目特征描述	计量单位	工程量	金额/元			
						综合单价	合价	其　中		
								人工费	机械费	暂估价
1	011201 001001	墙面一般抹灰（内墙面）	1. 墙体类型：240 砖墙 2. 1∶1∶6 混合砂浆打底两道 16 mm 厚，1∶1∶4 混合砂浆抹面 5 mm 厚	m²	91.01	25.17	2 290.73	1 081.94	30.76	
2	011406 001001	抹灰面油漆（内墙面）	1. 混合砂浆打底抹面 2. 满刮腻子两遍、刷白色乳胶漆两遍	m²	91.01	18.64	1697.34	651.14	—	
3	011201 004001	立面砂浆找平（内墙裙）	1. 墙体类型：240 砖墙 2. 1∶3 水泥砂浆打底、找平层 10 mm	m²	33.23	13.29	441.63	210.57	5.46	
4	011204 003001	块料墙面（内墙裙）	1. 墙体类型：240 砖墙 2. 1∶2 水泥砂浆粘贴 3. 200 mm × 150 mm 白瓷砖面层 4. 勾缝剂擦缝	m²	34.31	141.31	4 848.35	1 000.82	5.83	
5	011201 004002	立面砂浆找平（外墙面）	1. 240 砖墙 2. 1∶2 水泥砂浆打底、找平层 13 mm	m²	98.15	16.07	1 577.27	688.03	16.69	
6	0112040 03002	块料墙面（外墙面）	1. 墙体类型：240 砖墙 2. 1∶2 水泥砂浆粘贴 3. 200 mm × 150 mm 釉砖 4. 勾缝剂擦缝 10 mm	m²	102.40	152.18	15 584.23	3 687.42	16.38	
		合　计					26 437.62	7 319.92	75.12	

注：合价 = 综合单价 × 数量

人工费 = 单价 × 数量

机械费 = 单价 × 数量

人工费、机械费的单价：表 11-3 人工费、机械费中的合价。

6. 完成该墙面装饰工程招标控制价表的计算，详见表 11-5。本表的计算，有的项目可以直接抄录有关表格的数据，如人工费、材料费、机械费、管理费和利润；有的项目则需要进行计算，将结果填入表 11-5。

表 11-5 墙面装饰工程招标控制价/投标报价汇总表

序号	费用名称	计算基数或计算表达式	费率计算标准	费用金额/万元
1	分部分项工程费	$(1.1+1.2+1.3+1.4+1.5)$		
1.1	人工费	$(R)=7\ 319.92$		
1.2	材料费	$(C)=1.2.1+1.2.2$		
1.2.1	除税材料费	定额材料费 $\times 0.912$ $=283.01\times 0.912$	0.912	
1.2.2	市场价材料费			
1.3	设备费	(S)		—
1.4	机械费	$(J)=$		
1.4.1	除税机械费	$(J)=75.59$		
1.5	管理费和利润	$(R+J\times 0.08)\times 53\%$	53%	
2	措施项目费	$(2.1+2.2)$		
2.1	单价措施项目			—
2.1.1	人工费			—
2.1.2	除税材料费	定额材料费 $\times 0.912$	0.912	—
	市场价材料费			
2.1.3	机械费			—
	除税机械费			
2.1.4	管理费和利润		53%	—
2.2	总价措施项目费	$(2.2.1+2.2.2)$		
2.2.1	安全文明施工费	$(R+J\times 0.08)\times 15.65\%$	15.65 %	
2.2.2	其他总价措施项目费	$(R+J\times 0.08)\times 5.95\%$	5.95%	
3	其他项目费	$(3.1+3.2+3.3+3.4+3.5)$		
3.1	暂列金额			—
3.2	专业工程暂估价			—
3.3	计日工	—		—
3.4	总承包服务费	—		—
3.5	其　他	$(3.5.1+3.5.2+3.5.3)$		

续表

序号	费用名称	计算基数或计算表达式	费率计算标准	费用金额/万元
3.5.1	人工费调差	(工程＋措施)人工费×15%	＝7 319.92×15%	
3.5.2	机械费调差	—		—
3.5.3	风险费	—		—
4	规　费			
4.1	社保费住房公积金及残保金	(1.1＋2.1.1)×26%	26%	
4.2	危险作业意外伤害保险	(1.1＋2.1.1)×26%	1%	
	税前工程造价	(1＋2＋3＋4)		
5	税　金	(1＋2＋3＋4)×11.36%	11.36%	
6	招标控制价/投标报价合计＝1＋2＋3＋4＋5			

本表由学生按实训报告完成。

注 1：税前工程造价，是指工程造价的各组成要素价格不含增值税（即可抵扣的进项税税额）的全部价款，即人工费、材料费（计价材费＋未计价材费）、机械费和各种费用中扣除相应进项税税额后计算的价款。

注 2：除税机械费＝∑分部分项定额工程量 ×除税机械费单价×台班消耗量

除税机械费单价：见（×建标〔2016〕207 号文）的附件二：《××省建设工程施工机械台班除税单价表》。

注 3：除税计价材料费计算：

除税计价材料费＝单价定额工程量×计价材料费单价×0.912

按市场价采购的材料费＝单价定额工程量×计价材料费单价

注 4：增值税综合税金费率为：$\begin{cases} 市区：11.36\% \\ 县城/镇：11.30\% \\ 其他地区：11.18\% \end{cases}$　营业税综合税金费率为：$\begin{cases} 市区：3.48\% \\ 县城/镇：3.41\% \\ 其他地区：3.28\% \end{cases}$

项目 12　天棚工程造价计算实训

12.1　天棚分项工程实训资料

井字梁顶棚如图 12-1 所示,本层高度为 4.2 m,采用 1 : 3 水泥砂浆抹灰,刷乳胶漆两遍,试计算工程量。

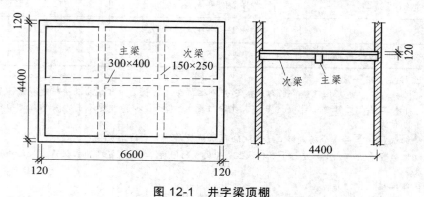

图 12-1　井字梁顶棚

12.2　实训目的要求

1. 熟悉天棚抹灰天棚工程的清单工程量的计算方法步骤。
2. 熟悉天棚工程项目某省天棚工程相关消耗量定额表的应用。
3. 熟悉天棚工程项目清单与计价表的计算方法。
4. 要求完成天棚抹灰工程项目的综合单价分析表的计算。
5. 要求完成天棚工程项目的各种费用的计算。
6. 完成天棚工程项目的造价计算。

12.3　实训方法步骤

1. 天棚清单工程列项,详见表 12-1。
（1）天棚抹灰（清单与定额计算方法相同）。
（2）抹灰面刷乳胶漆（清单与定额计算方法相同,且工程量与抹灰工程量一致）。

（3）脚手架（清单与定额计算方法相同）。

2. 天棚清单工程量计算，详见表 12-1。

表 12-1 天棚工程量计算表

序号	项目编号	项目名称	计算式	单位	数量
1	011301 001001	天棚抹灰	$(6.6-0.24)\times(4.4-0.24)+(0.4-0.12)\times6.36\times2+$ $(0.25-0.12)\times3.86\times2\times2-(0.25-0.12)\times0.15\times4$ $=31.95 \text{ m}^2$	m²	31.95
		抹灰面刷乳胶漆	同抹灰工程量 = 31.95 m²	m²	31.95
2	011701 006001	满堂脚手架	$(6.6-0.24)\times(4.4-0.24)=26.46 \text{ m}^2$	m²	26.46

3. 选择计价依据。

根据某省《房屋建筑与装饰工程消耗量定额》表中的天棚工程相关消耗量定额表，查出天棚工程相关消耗量定额的人工费、材料费、机械费的单价，并填入表 12-2。在表 12-2 的机械费栏目中分为机械费（含税价）及机械费（除税价）两栏。机械费（除税价）在（×建标〔2016〕207 号文）的附件 2 中查询。

表 12-2 某省砌筑工程相关消耗量定额表

定额编号				01110001	01120178	01150162
项目名称				天棚抹灰	乳胶漆	满堂脚手架
				现浇水泥砂浆	抹灰面两遍	钢管架基本层
单 位				100 m²	100 m²	100 m²
基价/元				993.67	884.88	784.16
其中	人工费			938.78	715.46	525.09
	材料费			35.77	169.42	237.78
	机械费（含税价）			19.12	—	21.29
	机械费（除税价）			18.59	—	18.86
	名 称	单位	单价/元	数 量		
材料	水泥砂浆 1：2.5	m³	—	(0.310)		
	水泥砂浆 1：3	m³	—	(1.030)		
	素水泥浆	m³	357.66	0.100		
	滑石粉	kg	—	(13.860)		
	乳胶漆	kg	—	(28.350)		
	大白粉	kg	0.40	52.800		

续表

名称		单位	单价/元	数量		
材料	羟甲纤维素	kg	26.00	—	1.200	—
	聚酯酸乙烯乳液	kg	18.75	—	6.000	—
	豆包布（白布）0.9 m 宽	m	3.20	—	0.180	—
	砂　纸	张	0.50	—	6.000	—
	石膏粉	kg	0.50	—	2.050	—
	其他材料	元	1.00	—	—	8.120
	焊接钢管 $\phi48\times3.5$	t・天	—	—	—	(53.020)
	直角扣件	百套・天	—	—	—	(51.300)
	对接扣件	百套・天	—	—	—	(9.840)
	回转扣件	百套・天	—	—	—	(16.160)
	底　座	百套・天	—	—	—	(10.540)
	镀锌铁丝 8#	kg	5.80	—	—	22.410
	木脚手板	m^3	1 780.00	—	—	0.056
机械	灰浆搅拌机 200 L	台班	86.90	0.220	—	—
	载重汽车 6 t	台班	425.77	—	—	0.050

注 1：天棚抹灰机械台班费计算 = 除税台班价 × 台班数量 = 84.48 × 0.220 = 18.59 元

满堂脚手架机械台班费计算 = 除税台班价 × 台班数量 = 377.21 × 0.050 = 18.86 元

注 2：2016 年 5 月 1 日前签订工程合同或已经开工的工程项目，可以按营改增之前的计算方法计算；2016 年 5 月 1 日后签订工程合同的工程项目，必须按营改增的方法计算。即机械台班费按除税台班价计算。

4. 天棚工程综合单价分析表的计算。根据表 12-2 中查出的项目定额单位，人工费、材料费、机械费的单价，分别填入表 12-3（表 12-2 的单位与表 12-3 不同，填入时要注意工程量清单的单位与定额单价的统一性）。天棚工程综合单价分析计算在表中人、材、机的相应单价栏内，并计算出该天棚工程的人工费、材料费、机械台班费的合价、管理费和利润、综合单价，详见表 12-3。

表 12-3　天棚工程综合单价分析表

<table>
<tr><th rowspan="4">编号</th><th rowspan="4">项目编码</th><th rowspan="4">项目名称</th><th rowspan="4">计量单位</th><th rowspan="4">工程量</th><th colspan="14">清单综合单价组成明细</th></tr>
<tr><th rowspan="3">定额编号</th><th rowspan="3">定额名称</th><th rowspan="3">定额单位</th><th rowspan="3">数量</th><th colspan="3">单价/元</th><th rowspan="3">未计价材料费</th><th colspan="4">合价/元</th><th rowspan="3">综合单价</th></tr>
<tr><th colspan="3">基　价</th><th rowspan="2">人工费</th><th rowspan="2">材料费＋未计价材料费</th><th rowspan="2">机械费</th><th rowspan="2">管理费和利润</th></tr>
<tr><th>人工</th><th>材料费</th><th>机械费</th></tr>
<tr><td>1</td><td>011301
001001</td><td>天棚抹灰</td><td>m^3</td><td>31.95</td><td>0111
0001</td><td>天棚抹灰</td><td>100 m^2</td><td>0.010</td><td>938.78</td><td>35.77</td><td>18.59</td><td>562.80</td><td>9.39</td><td>0.36
5.63</td><td>0.19</td><td>4.98</td><td>20.55</td></tr>
</table>

编号	项目编码	项目名称	计量单位	工程量	定额编号	定额名称	定额单位	数量	单价/元 基价 人工	材料费	机械费	未计价材料费	合价/元 人工费	材料费+未计价材料费	机械费	管理费和利润	综合单价
1	011301001001	抹灰面乳胶漆	m²	31.95	01120178	抹灰乳胶漆	100 m²	0.010	715.46	169.42	0	658.98	7.15	1.69 6.59	0	3.79	19.22
						小　计							16.54	2.05 12.22	0.19	8.77	39.77

注 1：水泥砂浆 1：2.5 单价按 420.00 元/m³ 计算。

注 2：水泥砂浆 1：3 单价按 420.00 元/m³ 计算。

滑石粉单价按 0.50 元/kg 计算。

乳胶漆单价按 23.00 元/kg 计算。

注 3：合价 = 单价×数量

管理费和利润 =（人工费 + 机械费×0.08）×（0.33 + 0.20）

综合单价 = 人工费 + 材料费 + 机械费 + 管理费和利润

$$综合单价 = \frac{\sum 人工合价 + \sum 材料合价 + \sum 机械合价 + \sum 管理费和利润}{清单工程量}$$

注 4：增值税后除税的计价材料费计算公式：

除税的计价材料费（包括计价材料费和未计价材费）

除税计价材料费 = 定额基价中的材料费×0.912

（已按当期市场价格进行调整的计价材料费不得再计算此系数）

天棚清单人工费单位合价（011301001001）为：天棚抹灰和抹灰面乳胶漆人工费之和。

天棚抹灰人工费 = 31.95÷100×938.78÷31.95 = 9.39·（元/m²）

抹灰面乳胶漆人工费 = 31.95÷100×715.46÷31.95 = 7.15（元/m²）

除税材料费单价 =（0.36 + 1.69）×0.912 = 2.05×0.912 = 1.87（元/m²）

市场价格天棚清单材料费单价 = 12.22×31.95÷31.95 = 12.22（元/m²）

天棚清单机械费单位合价 = 18.59×0.3195÷31.95 = 0.19（元/m²）

5. 天棚工程措施项目综合单价分析表的计算。根据表 12-2 查出的项目定额单位，将人工费、材料费、机械费的单价分别填入表 12-4（表 12-2 的单位与表 12-4 不同，填入时要注意工程量清单的单位与定额单价的统一性）。分别计算出该分项工程的人工费、材料费、机械台班费的合价、措施项目的管理费和利润、措施项目的综合单价，详见表 12-4。（钢管脚手架）摊销费暂不计算。

表 12-4　天棚工程措施项目综合单计价分析表

编号	项目编码	项目名称	计量单位	工程量	定额编号	定额名称	定额单位	数量	单价/元 基价 人工	材料费	机械费	未计价材料费	合价/元 人工费	材料费+未计价材料费	机械费	管理费和利润	综合单价
1	011701006001	满堂脚手架	m²	26.46	01150162	钢管脚手架	100 m²	0.010	525.09	237.78	18.86	2 469.00	5.25	27.07	0.19	2.79	35.30

注 1：满堂脚手架按焊接钢管租赁价格 3.00 元/(t·天)，钢管扣件、底座租赁价格均为 1.00 元/(百套·天)，综合组合钢模板租赁价格为 3.00 元/(t·天)，模板摊销费天数按 10 天计算。

焊接钢管 $\phi 48 \times 3.5$ 单价为 3.0 元/t·天，则材料价格为 $3.00 \times 10 \times 53.020 = 1590.60$（元）

直角扣件单价为 1.00 元百套·元/天，则材料价格为 $1.00 \times 10 \times 51.300 = 513.00$（元）

对接扣件单价为 1.00 元百套·元/天，则材料价格为 $1.00 \times 10 \times 9.840 = 98.40$（元）

回转扣件单价为 1.00 元百套·元/天，则材料价格为 $1.00 \times 10 \times 16.160 = 161.60$（元）

底座单价为 1.00 元百套·元/天，则材料价格为 $1.00 \times 10 \times 10.540 = 105.40$（元）

则未计价材价格为：$1\,590.60 + 513.00 + 98.40 + 161.60 + 105.40 = 2\,469.00$（元）

注2：增值税后除税的计价材料费计算公式：

除税的计价材料费（包括计价材费和未计价材费）

除税计价材料费 = 定额基价中的材料费 × 0.912

（已按当期市场价格进行调整的计价材料费不得再计算此系数）

6. 天棚工程清单与计价表的计算。根据工程量、综合单价，计算出合价、人工费、机械费、暂估价，详见表 12-5。

表 12-5　天棚工程量清单与计价表

序号	项目编号	项目名称	项目特征描述	计量单位	工程量	金额/元				
						综合单价	合价	其中		
								人工费	机械费	暂估价
1	011301001001	天棚	石料种类规格 石表面加工要求 勾缝要求 砂浆强度等级、配合比	m³	31.95	39.77	1 270.65	528.45	6.07	
合　计							1 270.65	528.45	6.07	

注：合价 = 综合单价 × 数量

人工费 = 单价 × 数量

机械费 = 单价 × 数量

人工费、机械费的单价：表 12-3、表 12-4 人工费、机械费中的合价。

7. 天棚工程措施项目清单与计价表的计算。根据措施项目工程量、措施项目综合单价，计算出措施项目合价、人工费、机械费（可由表 12-4 中算出）、暂估价，详见表 12-6。

表 12-6　天棚工程措施项目清单与计价表

序号	项目编号	项目名称	项目特征描述	计量单位	工程量	金额/元				
						综合单价	合　价	其中		
								人工费	机械费	暂估价
1	011701006001	满堂脚手架	满堂脚手架高度 4.08 m 钢管脚手架	m²	26.46	35.30	934.04	138.92	5.03	
合　计							934.04	138.92	5.03	

8. 完成天棚工程的规费、税金项目（暂不计算）计价表的计算，详见表 12-7。

表 12-7　天棚工程规费、税金项目计价

序号	工程名称	计算基础	计算基数	计算费率	金额/元
1	规　费				
1.1	社会保险费、住房公积金、残疾人保证金	工程人工费+措施项目人工费	528.45+138.92 =667.37	26%	173.52
1.2	危险作业意外伤害			1%	6.67
1.3	工程排污费	暂不计算			
2	税　金	暂不计算			
	合　计				180.19

注：工程排污费按工程用水量×水的单价计算。

9. 完成天棚工程其他项目计价表的计算，详见表 12-8。根据实际情况，逐项填写，未发生的项目不计算、不填写。（经过双方约定风险费按工程费的 1.5% 计算）其余费用不计算。

表 12-8　天棚工程其他项目计价表

序号	工程名称	金额/元	结算金额/元	备注
1	暂列金额			
2	暂估价			
2.1	材料（工程设备）暂估价/结算价			
2.2	专业工程暂估价/结算价			
3	计日工			
4	总承包服务费			
5	其　他			
5.1	人工费调差	667.37×15%	100.11	按人工费 15% 计算
5.2	机械费调差			
5.3	风险费			
5.4	索赔与现场签证			
	合　计			

10. 完成该天棚工程招标控制价表的计算，详见表 12-9。本表的计算，有的项目可以直接抄录有关表格的数据，如人工费、材料费、机械费、管理费和利润；有的项目则需要进行计算，将结果填入表 12-9。

表 12-9　天棚工程招标控制价/投标报价汇总表

序号	费用名称	计算基数或计算表达式	费率计算标准	费用金额/元
1	分部分项工程费	$(1.1+1.2+1.3+1.4+1.5)$		（　　　）
1.1	人工费	$(R)=$		
1.2	材料费	$(C)=(1.2.1+1.2.2)$		
1.2.1	除税材料费	定额材料费×0.912	×0.912	
1.2.2	市场价格材料费			
1.3	设备费	(S)		
1.4	机械费	$(J)=$		
1.4.1	除税机械费	$(J)=$		
1.5	管理费和利润	$(R+J\times0.08)\times53\%$	53%	
2	措施项目费	$(2.1.1+2.1.2+2.1.3+2.1.4+2.1.5+2.2+2.1.2.1+2.1.3+2.2)$		
2.1	单价措施项目			
2.1.1	人工费			
2.1.2	材料费	$(C)=(2.1.2.1+2.1.2.2)$		
2.1.2.1	除税材料费			
2.1.2.2	市场价格材料费			
2.1.3	机械费			
	除税机械费			
2.1.4	管理费和利润			
2.1.5	大型机械进出场费			
2.2	总价措施项目费	$(R+J\times0.08)\times7.95\%$	$(2+5.95)\%$	
2.2.1	安全文明施工费	$(R+J\times0.08)\times$　%		
2.2.2	其他总价措施项目费	$(R+J)\times$　%	%	
3	其他项目费	$(3.1+3.2+3.3+3.4+3.5)$		
3.1	暂列金额			
3.2	专业工程暂估价			
3.3	计日工			
3.4	总承包服务费			

续表

序号	费用名称	计算基数或计算表达式	费率计算标准	费用金额/元
3.5	其　他	(3.5.1＋3.5.2＋3.5.3)		
3.5.1	人工费调差	定额人工费×15%	15%	
3.5.2	材料费价差			
3.5.3	机械费价差			
4	规　费			
	税前工程造价	(1＋2＋3＋4)		
5	税　金	(1＋2＋3＋4)×　%		
6	招标控制价/投标报价合计＝1＋2＋3＋4＋5			

本表由学生计算完成，作为实训报告。

注 1：税前工程造价，是指工程造价的各组成要素价格不含增值税（即可抵扣的进项税税额）的全部价款，即人工费、材料费（计价材费＋未计价材费）、机械费和各种费用中扣除相应进项税税额后计算的价款。

注 2：除税计价材料费计算。

　　除税计价材料费＝单价定额工程量×计价材料费单价×0.912

　　按市场价采购的材料费＝单价定额工程量×计价材料费单价

注 3：增值税综合税金费率为：$\begin{cases}市区：11.36\% \\ 县城/镇：11.30\% \\ 其他地区：11.18\%\end{cases}$　营业税综合税金费率为：$\begin{cases}市区：3.48\% \\ 县城/镇：3.41\% \\ 其他地区：3.28\%\end{cases}$

项目 13 油漆、涂料、裱糊工程造价计算实训

13.1 实训目的要求

1. 熟悉油漆、涂料、裱糊工程的清单工程量计算的方法步骤。
2. 熟悉油漆、涂料、裱糊工程项目某省油漆、涂料、裱糊工程相关消耗量定额表的应用。
3. 熟悉油漆、涂料、裱糊工程项目清单与计价表的计算方法。
4. 要求完成油漆、涂料、裱糊工程项目的综合单价分析表的计算。
5. 要求完成油漆、涂料、裱糊工程项目的各种费用的计算。
6. 完成油漆、涂料、裱糊工程项目的造价计算。

13.2 油漆、涂料、裱糊分项工程实训资料及要求

如图 13-1 所示，该工程墙面、天棚粘贴对花壁纸，门窗洞口侧面贴壁纸 100 mm，房间净高 3.2 m，踢脚板高 120 mm。试计算该工程油漆、涂料、裱糊工程项目清单工程量及工程造价费用。

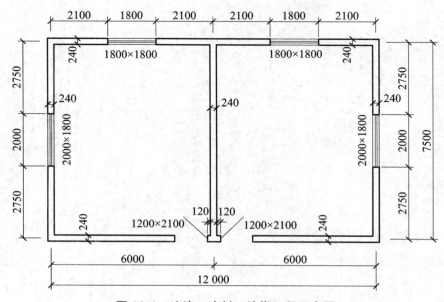

图 13-1 油漆、涂料、裱糊工程示意图

13.3 实训方法步骤

1. 油漆、涂料、裱糊清单工程列项，详见表 13-1。
2. 油漆、涂料、裱糊清单工程量计算，详见表 13-1。

表 13-1   油漆、涂料、裱糊工程量计算表

序号	项目编号	项目名称	计算式	单位	数量
1	011408 001001	墙纸裱糊（墙面）	$[(7.5-0.12\times2)+(6-0.12\times2)]\times2\times(3.2-0.12)\times2-1.2\times(2.1-0.12)\times2-1.8\times1.8\times2-2\times1.8\times2+[(2.1-0.12)\times2+1.2]\times0.1\times2+(1.8+1.8)\times2\times0.1\times2+(2+1.8)\times2\times0.1\times2=145.96\ (m^2)$	m^2	145.96
2	011408 001002	墙纸裱糊（天棚）	$(7.5-0.12\times2)\times(6-0.12\times2)\times2=83.64\ (m^2)$	m^2	83.64

3. 选择计价依据。

依据为某省《房屋建筑与装饰工程消耗量定额》表中的油漆、涂料、裱糊工程相关消耗量定额表，详见表 13-2（本表中材料费未包括主要材料的价格）。

表 13-2   某省油漆、涂料、裱糊工程相关消耗量定额表

定额编号				01120276	01120282
项目名称				墙面贴装饰纸	天棚贴装饰纸
				墙纸	墙纸
				对花	对花
单位				100 m²	100 m²
基价/元				1590.47	1 986.53
其中	人工费			1392.58	1 788.64
	材料费			197.89	197.89
	机械费			—	—
	除税机械费			—	—
材料	名　称	单位	单价/元	数　　量	
	酚醛清漆	kg	—	(7.000)	(7.000)
	墙　纸	m²	—	(115.790)	(115.790)
	聚醋酸乙烯乳液	kg	5.10	25.100	25.100
	油漆溶剂油	kg	5.86	3.000	3.000
	大白粉	kg	0.40	23.500	23.500
	羟甲纤维素	kg	26.00	1.650	1.650

4. 油漆、涂料、裱糊工程综合单价分析表的计算。根据表 13-2 中查出的项目定额单位，将人工费、材料费、机械费的单价分别填入表 13-3（表 13-2 的单位与表 13-3 不同，填入时要注意工程量清单的单位与单价的统一性）。油漆、涂料、裱糊工程综合单价分析计算在表中人、材、机的相应单价栏内，并计算出该分项工程的人工费、材料费、机械台班费的合价、管理费和利润、综合单价，详见表 13-3。

表 13-3　油漆、涂料、裱糊工程综合单价分析表

编号	项目编码	项目名称	计量单位	工程量	清单综合单价组成明细											综合单价
					定额编号	定额名称	定额单位	数量	单价/元			未计价材料费	合价/元				
									基 价				人工费	材料费 + 未计价材料费	机械费	管理费和利润	
									人工费	材料费	机械费						
1	011408001001	墙纸裱糊（墙面）	m²	1	01120276	墙面贴装饰纸墙纸 对花	100 m²	0.01	1 392.58	197.89	0	1 011.08	13.93	12.09	0	7.39	33.41
	011408001002	墙纸裱糊（天棚）	m²	1	01120282	天棚贴装饰纸墙纸 对花	100 m²	0.01	1 788.64	197.89	0	1 011.08	17.89	12.09	0	9.48	39.46
					小　　计								31.82	24.18	0	16.87	72.87

注 1：墙纸单价按 8.2 元/m² 计算。
注 2：酚醛清漆单价按 8.8 元/kg 计算。
　　　管理费和利润 =（人工费 + 机械费 × 0.08）×（0.33 + 0.20）
　　　综合单价 = 人工费 + 材料费 + 机械费 + 管理费和利润

5. 油漆、涂料、裱糊工程清单与计价表的计算。根据工程量、综合单价，计算出合价、人工费、机械费、暂估价，详见表 13-4。

表 13-4　油漆、涂料、裱糊工程量清单与计价表

序号	项目编号	项目名称	项目特征描述	计量单位	工程量	金额/元				
						综合单价	合价	其中		
								人工费	机械费	暂估价
1	011408001001	墙纸裱糊（墙面）	1. 裱糊部位：墙面 2. 面层材料品种、规格、颜色：对花壁纸	m²	145.96	33.41	4 876.52	2 033.22		
2	011408001002	墙纸裱糊（天棚）	1. 裱糊部位：天棚 2. 面层材料品种、规格、颜色：对花壁纸	m²	83.64	39.46	3 300.43	1 496.32		
		合　　计					8 176.95	3529.54		

注：合价 = 综合单价 × 数量
　　人工费 = 单价 × 数量
　　机械费 = 单价 × 数量
　　人工费、机械费的单位：表 13-3 人工费、机械费中的合价。

6. 完成油漆、涂料、裱糊工程的规费、税金项目（暂不计算）计价表的计算，详见表 13-5。

表 13-5 油漆、涂料、裱糊工程规费、税金项目计价

序号	工程名称	计算基础	计算基数	计算费率	金额/元
1	规 费				952.98
1.1	社会保险费、住房公积金、残疾人保证金	工程人工费＋措施项目人工费	3 529.54	26%	917.68
1.2	危险作业意外伤害		3 529.54	1%	35.3
1.3	工程排污费	暂不计算			
2	税 金	暂不计算			
合 计					952.98

注：工程排污费按工程用水量×水的单价计算。

7. 完成油漆、涂料、裱糊工程其他项目计价表的计算，详见表 13-6。根据实际情况，逐项填写，未发生的项目不计算、不填写。

表 13-6 油漆、涂料、裱糊工程其他项目计价表

序号	工程名称	金额/元	结算金额/元	备注
1	暂列金额			
2	暂估价			
2.1	材料（工程设备）暂估价/结算价			
2.2	专业工程暂估价/结算价			
3	计日工			
4	总承包服务费			
5	其他			
5.1	人工费调差			(工程＋措施)人工费×15%
5.2	机械费调差			
5.3	风险费			
5.4	索赔与现场签证			
合 计				

8. 完成该油漆、涂料、裱糊工程招标控制价表的计算，详见表 13-7。本表的计算，有的项目可以直接抄录有关表格的数据，如人工费、材料费、机械费、管理费和利润；有的项目则需要进行计算，将结果填入表 13-7。

表 13-7 油漆、涂料、裱糊工程招标控制价/投标报价汇总表

序号	费用名称	计算基数或计算表达式	费率计算标准	费用金额/元
1	分部分项工程费	$(1.1+1.2+1.3+1.4+1.5)$		( )
1.1	人工费	$(R)=$		
1.2	材料费	$(C)=(1.2.1+1.2.2)$		
1.2.1	除税材料费	定额材料费×0.912	×0.912	
1.2.2	市场价格材料费			
1.3	设备费	(S)		
1.4	机械费	$(J)=$		
1.4.1	除税机械费	$(J)=$		
1.5	管理费和利润	$(R+J\times0.08)\times53\%$	53%	
2	措施项目费	$(2.1.1+2.1.2+2.1.3+2.1.4+2.1.5+2.2+$ $2.1.2.1+2.1.3+2.2)$		
2.1	单价措施项目			
2.1.1	人工费			
2.1.2	材料费	$(C)=(2.1.2.1+2.1.2.2)$		
2.1.2.1	除税材料费			
2.1.2.2	市场价格材料费			
2.1.3	机械费			
	除税机械费			
2.1.4	管理费和利润			
2.1.5	大型机械进出场费			
2.2	总价措施项目费	$(R+J\times0.08)\times7.95\%$	(2+5.95)%	
2.2.1	安全文明施工费	$(R+J\times0.08)\times$ %		
2.2.2	其他总价措施项目费	$(R+J)\times$ %	%	
3	其他项目费	$(3.1+3.2+3.3+3.4+3.5)$		
3.1	暂列金额			
3.2	专业工程暂估价			
3.3	计日工			
3.4	总承包服务费			

续表

序号	费用名称	计算基数或计算表达式	费率计算标准	费用金额/元
3.5	其 他	(3.5.1+3.5.2+3.5.3)		
3.5.1	人工费调差	定额人工费×15%	15%	
3.5.2	材料费价差			
3.5.3	机械费价差			
4	规 费			
	税前工程造价	(1+2+3+4)		
5	税 金	(1+2+3+4)× %		
6	招标控制价/投标报价合计＝1+2+3+4+5			

本表由学生计算完成，作为实训报告。

注1：税前工程造价，是指工程造价的各组成要素价格不含增值税（即可抵扣的进项税税额）的全部价款，即人工费、材料费（计价材费＋未计价材费）、机械费和各种费用中扣除相应进项税税额后计算的价款。

注2：除税计价材料费计算：

　　　除税计价材料费＝单价定额工程量×计价材料费单价×0.912

　　　按市场价采购的材料费＝单价定额工程量×计价材料费单价

注3：增值税综合税金费率为：$\begin{cases} 市区：11.36\% \\ 县城/镇：11.30\% \\ 其他地区：11.18\% \end{cases}$　营业税综合税金费率为：$\begin{cases} 市区：3.48\% \\ 县城/镇：3.41\% \\ 其他地区：3.28\% \end{cases}$

项目 14 其他装饰工程造价计算实训

14.1 其他装饰分项工程实训资料

某住宅楼卧室内木壁柜共 6 个，木壁柜高 2.60 m、宽 1.20 m，深 0.60 m，其材质做法详见图 14-1。试计算出其他装饰工程项目清单的工程量及工程造价。

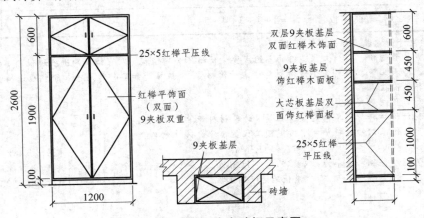

图 14-1 嵌入式木壁柜示意图

14.2 实训目的要求

1. 熟悉其他装饰工程的清单工程量计算的方法步骤。
2. 熟悉其他装饰工程项目某省其他装饰工程相关消耗量定额表的应用。
3. 熟悉其他装饰工程项目清单与计价表的计算方法。
4. 要求完成其他装饰工程项目的综合单价分析表的计算。
5. 要求完成其他装饰工程项目的各种费用的计算。
6. 完成其他装饰工程项目的造价计算。

14.3 实训方法步骤

1. 其他装饰清单工程列项，详见表 14-1。
2. 请根据题目要求计算其他装饰清单工程量及定额工程量，填入表 14-1。

表 14-1　其他装饰工程量计算表

序号	项目编号	项目名称	计算式	单位	数量
1	011501 008001	木壁柜	6个	个	6
2	01130175	嵌入式木壁柜		100 m²	

3. 选择计价依据。

根据某省《房屋建筑与装饰工程消耗量定额》表中的其他装饰工程相关消耗量定额表，查出其他装饰工程相关消耗量定额的人工费、材料费、机械费的单价，如表 14-2 所示（本表中材料费未包括主要材料的价格）。在表 14-2 的机械费栏目中分为机械费（含税价）及机械费（除税价）两栏。机械费（除税价）在×建标〔2016〕207 号文的附件 2 中查询，经计算后填入。

表 14-2　某省其他装饰工程相关消耗量定额表

	定额编号			01130175	
	项目名称			嵌入式木壁柜	
	单　位			100 m²	
	基价/元			19 935.87	
其中	人工费			9 390.36	
	机械费（除税价）			8 709.81	
	材料费			1 835.70	
	机械费（含税价）				
	名　称	单位	含税台班单价/元	除税台班单价/元	数　量
材料	红榉木夹板 $\delta=3$	m²	—		(304.960)
	大芯板 $\delta=18$	m²	—		(100.96.)
	胶合板 1 220×2 440×9	m²	—		(460.360)
	聚醋酸乙烯乳液	kg	5.1		358.970
	木拉手	个	30.00		130.760
	折页 40	块	0.40		356.910
	铁钉圆钉（综合规格）	kg	5.30		22.440
	射　钉	盒	15.00		100.520
	螺　钉	个	0.04		1 308.000
	榉木封边/直板/倒圆线 25×5	m	1.50		876.500
机械	电动空气压缩机 0.3 m³/min	台班	95.36	91.62	15.000
	木工圆锯机 500 mm	台班	27.02	23.39	15.000

注：2016 年 5 月 1 日前签订工程合同或已经开工的工程项目，可以按营改增之前的计算方法计算；
　　2016 年 5 月 1 日后签订工程合同的工程项目，必须按营改增的方法计算。即机械台班费按除税
　　台班价计算。

嵌入式木壁柜机械台班费计算 = 除税台班单价 × 台班数量

$$= $$

$$= \qquad 元$$

4. 其他装饰工程综合单价分析表的计算，详见表 14-3。根据表 14-2 中查出的项目定额单位，将人工费、材料费、机械费的单价分别填入表 14-3（表 14-2 的单位与表 14-3 不同，填入时要注意工程量清单的单位与单价的统一性）。其他装饰工程综合单价分析计算在表中人、材、机的相应单价栏内，并计算出该分项工程的人工费、材料费、机械台班费的合价、管理费和利润、综合单价，填入表 14-3。

表 14-3 其他装饰工程综合单价分析表

编号	项目编码	项目名称	计量单位	工程量	清单综合单价组成明细											综合单价
					定额编号	定额名称	定额单位	数量	单价/元			未计价材料费	合价/元				
									基价				人工费	材料费+未计价材料费	机械费	管理费和利润	
									人工费	材料费	机械费						
1	011501008001	木壁柜	个	1	01130175	嵌入式木壁柜	100 m²	0.031 2									
				小计													

注 1：红榉木夹板 $\delta = 3$ 除税单价按 23.52 元/m² 计算。
　　　　大芯板 $\delta = 18$ 除税单价按 28.89 元/m² 计算。
　　　　胶合板 1 220 × 2 440 × 9 除税单价按 18.46 元/m² 计算。

注 2：根据 × 建标〔2016〕208 号文，人工费调整的幅度为定额人工费的 15%，调整的人工费用差额不作为计取其他费用的基础，仅计算税金，2016 年 5 月 1 日起执行。
　　　　嵌入式木壁柜人工费计算 = 定额人工费 + 人工费调整

$$= \qquad × 15\%$$
$$= $$
$$= \qquad 元$$

注 3：增值税后除税的计价材料费计算公式：
　　　　除税的计价材料费（包括计价材费和未计价材费）
　　　　除税计价材料费 = 定额基价中的材料费 × 0.912
　　　　（已按当期市场价格进行调整的计价材料费不得再计算此系数）
　　　　嵌入式木壁柜材料费计算 = 定额材料费 × 0.912

$$= $$
$$= \qquad 元$$

注 4：合价 = 单价 × 数量
　　　　管理费和利润 = (人工费 + 机械费 × 0.08) × 0.53
　　　　综合单价 = 人工费 + 材料费 + 机械费 + 管理费和利润

$$综合单价 = \frac{\sum 人工合价 + \sum 材料合价 + \sum 机械合价 + \sum 管理费和利润}{清单工程量}$$

5. 其他装饰工程清单与计价表的计算，详见表 14-4。请根据工程量、综合单价，计算出合价、人工费、机械费、暂估价，填入表 14-4。

表 14-4 其他装饰工程量清单与计价表

序号	项目编号	项目名称	项目特征描述	计量单位	工程量	金额/元				
						综合单价	合价	其 中		
								人工费	机械费	暂估价
1	011501 008001	木壁柜	1. 台柜类别：嵌入式木壁柜 2. 材料种类、规格：双层9夹板基层，红榉木饰面	个						
合　计										

注：合价 = 综合单价 × 数量
　　人工费 = 单价 × 数量
　　机械费 = 单价 × 数量
　　人工费、机械费的单价：表 14-3 人工费、机械费中的合价。

6. 完成其他装饰工程的规费、税金项目（暂不计算）计价表的计算，填入表 14-5。

表 14-5 其他装饰工程规费、税金项目计价

序号	工程名称	计算基础	计算基数	计算费率	金额/元
1	规　费				
1.1	社会保险费、住房公积金、残疾人保证金	工程人工费 + 措施项目人工费		%	
1.2	危险作业意外伤害			%	
1.3	工程排污费	暂不计算			
2	税　金	暂不计算			
合　计					

注1：调整的人工费用差额不作为计取其他费用（规费）的基础，仅计算税金。
注2：工程排污费按工程用水量 × 水的单价计算。

7. 完成其他装饰工程其他项目计价表的计算，详见表 14-6。根据实际情况，逐项填写，未发生的项目不计算、不填写。

表 14-6 其他装饰工程其他项目计价表

序号	工程名称	金额/元	结算金额/元	备　注
1	暂列金额			
2	暂估价			
2.1	材料（工程设备）暂估价/结算价			
2.2	专业工程暂估价/结算价			
3	计日工			
4	总承包服务费			

序号	工程名称	金额/元	结算金额/元	备 注
5	其 他			
5.1	人工费调差	×15%		
5.2	机械费调差			
5.3	风险费			
5.4	索赔与现场签证			
	合 计			

8. 完成该其他装饰工程招标控制价表的计算，详见表 14-7。本表的计算，有的项目可以直接抄录有关表格的数据，如人工费、材料费、机械费、管理费和利润，有的项目则需要进行计算，将结果填入表 14-7。

表 14-7 其他装饰工程招标控制价/投标报价汇总表

序号	费用名称	计算基数或计算表达式	费率计算标准	费用金额/元
1	分部分项工程费	$(1.1+1.2+1.3+1.4+1.5)$		（　　　）
1.1	人工费	$(R)=$		
1.2	材料费	$(C)=(1.2.1+1.2.2)$		
1.2.1	除税材料费	定额材料费×0.912	×0.912	
1.2.1	市场价格材料费			
1.3	设备费	(S)		
1.4	机械费	$(J)=$		
1.4.1	除税机械费	$(J)=$		
1.5	管理费和利润	$(R+J\times0.08)\times53\%$	53%	
2	措施项目费	$(2.1.1+2.1.2+2.1.3+2.1.4+2.1.5+$ $2.2+2.1.2.1+2.1.3+2.2)$		
2.1	单价措施项目			
2.1.1	人工费			
2.1.2	材料费			
2.1.2.1	除税材料费			
2.1.2.2	市场价格材料费			
2.1.3	机械费			
	除税机械费			
2.1.4	管理费和利润			
2.1.5	大型机械进出场费			
2.2	总价措施项目费	$(R+J\times0.08)\times7.95\%$	$(2+5.95)\%$	

续表

序号	费用名称	计算基数或计算表达式	费率计算标准	费用金额/元
2.2.1	安全文明施工费	$(R+J\times 0.08)\times$　%		
2.2.2	其他总价措施项目费	$(R+J)\times$　%	%	
3	其他项目费	$(3.1+3.2+3.3+3.4+3.5)$		
3.1	暂列金额			
3.2	专业工程暂估价			
3.3	计日工			
3.4	总承包服务费			
3.5	其　他	$(3.5.1+3.5.2+3.5.3)$		
3.5.1	人工费调差	定额人工费×15%	15%	
3.5.2	材料费价差			
3.5.3	机械费价差			
4	规　费			
	税前工程造价	$(1+2+3+4)$		
5	税　金	$(1+2+3+4)\times$　%		
6	招标控制价/投标报价合计 $=1+2+3+4+5$			

本表由学生计算完成,作为实训报告。

注 1:税前工程造价,是指工程造价的各组成要素价格不含增值税(即可抵扣的进项税税额)的全部价款,即人工费、材料费(计价材费＋未计价材费)、机械费和各种费用中扣除相应进项税税额后计算的价款。

注 2:除税计价材料费计算:

除税计价材料费＝单价定额工程量×计价材料费单价×0.912

按市场价采购的材料费＝单价定额工程量×计价材料费单价

注 3:增值税综合税金费率为:市区:11.36%　县城/镇:11.30%　其他地区:11.18%　营业税综合税金费率为:市区:3.48%　县城/镇:3.41%　其他地区:3.28%

项目 15 室外附属及构筑物工程造价计算实训

15.1 室外附属及构筑物分项工程实训资料及要求

如图 15-1 所示，某砖砌工程墙厚 240 mm，室外设暗沟，其做法详见西南 11J812-2a/3。试计算该工程暗沟工程项目清单工程量及工程造价费用。

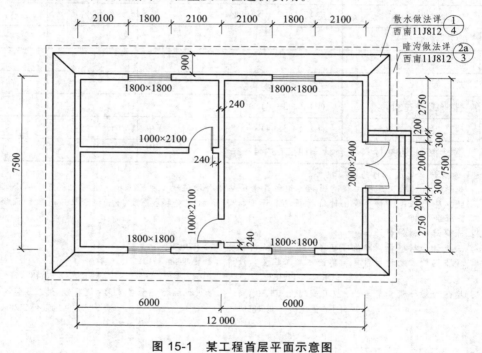

图 15-1 某工程首层平面示意图

15.2 实训目的要求

1. 熟悉室外附属及构筑物工程的清单工程量计算的方法步骤。
2. 熟悉室外附属及构筑物工程项目某省室外附属及构筑物工程相关消耗量定额表的应用。
3. 熟悉室外附属及构筑物工程项目清单与计价表的计算方法。
4. 要求完成室外附属及构筑物工程项目的综合单价分析表的计算。
5. 要求完成室外附属及构筑物工程项目的各种费用的计算。
6. 完成室外附属及构筑物工程项目的造价计算。

15.3 实训方法步骤

1. 室外附属及构筑物清单工程列项，详见表 15-1。

2. 请根据题目要求，将室外附属及构筑物清单工程量（清单工程量与定额工程量一致）填入表 15-1。

表 15-1 室外附属及构筑物工程量计算表

序号	项目编号	项目名称	计算式	单位	数量
1	07A001	室外砖砌暗沟	$(7.5+12)\times2+4\times2\times(0.12+0.9+0.12+0.13)-(2+0.2\times2+0.3\times2)=46.16\ m$	m	46.16

3. 选择计价依据。

依据为某省《房屋建筑与装饰工程消耗量定额》表中的室外附属及构筑物工程相关消耗量定额表，如表 15-2 所示（本表中材料费未包括主要材料的价格）。

表 15-2 某省室外附属及构筑物工程相关消耗量定额表

定额编号				01140223
项目名称				砖砌排水沟(西南 11J812)
				深 400 厚 120
				宽 260(2a)
单 位				100 m
基价/元				9 350.91
其中	人工费			6 302.08
	材料费			1 624.61
	机械费（含税价）			1 424.22
	机械费（除税价）			1 424.22
	名 称	单位	含税台班单价/元	除税台班单价/元	数 量
材料	标准砖 240×115×53 (mm)	千块	—		(6.602)
	钢筋 ϕ10	t	—		(1.278)
	混凝土地模	m²	—		(0.983)
	预制混凝土 C30	m³	—		(8.526)
	现浇混凝土 C10	m³	—		(7.105)
	水泥砂浆 M10	m³	—		(3.137)
	水泥砂浆 1:2	m³	—		(0.987)
	水泥砂浆 1:3	m³	—		(2.353)
	其他材料费	元	1.00		1 624.610
机械	机械费（综合）	元	1.00	1.00	1 424.220

注 1：2016 年 5 月 1 日前签订工程合同或已经开工的工程项目，可以按营改增之前的计算方法计算；
　　　2016 年 5 月 1 日后签订工程合同的工程项目，必须按营改增的方法计算。即机械台班费按除税台班价计算。

注 2：由于按营改增操作方法发布的除税机械费用未包含"机械费（综合）"的调整方式，故暂按原计算方式计价。

4. 室外附属及构筑物工程综合单价分析表的计算，详见表 15-3。根据表 15-2 中查出的项目定额单位，将人工费、材料费、机械费的单价分别填入表 15-3（表 15-2 的单位与表 15-3 不同，填入时要注意工程量清单的单位与单价的统一性）。室外附属及构筑物工程综合单价分析计算在表中人、材、机的相应单价栏内，并计算出该分项工程的人工费、材料费、机械台班费的合价、管理费和利润、综合单价，填入表 15-3。

表 15-3 室外附属及构筑物工程综合单价分析表

编号	项目编码	项目名称	计量单位	工程量	清单综合单价组成明细											
					定额编号	定额名称	定额单位	数量	单价/元			未计价材料费	合价/元				综合单价
									基价				人工费	材料费+未计价材料费	机械费	管理费和利润	
									人工费	材料费	机械费						
1	07B001	室外砖砌暗沟	m	1	0114 0223	砖砌排水沟（西南 11J811J 812）深 400 厚 120 宽 260 （2a）	100 m	0.01	6 302.08	1 624.61	1 424.2	8 867.98	63.02	104.93	14.24	34	216.19
			小 计										63.02	104.93	14.24	34	216.19

注 1：标准砖 240×115×53（mm）除税单价按 260 元/千块计算；
　　　钢筋 ϕ10 除税单价按 4 220 元/t 计算；
　　　混凝土地模除税单价按 106.02 元/m² 计算；
　　　预制混凝土 C30 除税单价按 27. 元/m³ 计算；
　　　现浇混凝土 C10 除税单价按 207.2 元/m³ 计算；
　　　水泥砂浆 M10 除税单价按 201.67 元/m³ 计算；
　　　水泥砂浆 1：2 除税单价按 282.77 元/m³ 计算；
　　　水泥砂浆 1：3 除税单价按 329.42 元/m³ 计算。

注 2：根据×建标〔2016〕208 号文，人工费调整的幅度为定额人工费的 15%，调整的人工费用差额不作为计取其他费用的基础，仅计算税金，2016 年 5 月 1 日起执行。
　　　室外砖砌暗沟人工费计算 = 定额人工费 + 人工费调整
　　　　　　　　　　　　　　 = 　　　　　　　　 ×15%
　　　　　　　　　　　　　　 =
　　　　　　　　　　　　　　 = 　　　　　　　 元

注 3：增值税后除税的计价材料费计算公式：
　　　除税的计价材料费（包括计价材费和未计价材费）
　　　除税计价材料费 = 定额基价中的材料费×0.912
　　　（已按当期市场价格进行调整的计价材料费不得再计算此系数）
　　　室外砖砌暗沟材料费计算 = 定额材料费×0.912
　　　　　　　　　　　　　　 =
　　　　　　　　　　　　　　 = 　　　　　　　 元

注 4：合价 = 单价×数量
　　　管理费和利润 = (人工费 + 机械费× 　　)×(　　　　)
　　　综合单价 = 人工费 + 材料费 + 机械费 + 管理费和利润
$$综合单价 = \frac{\sum 人工合价 + \sum 材料合价 + \sum 机械合价 + \sum 管理费和利润}{清单工程量}$$

5. 室外附属及构筑物工程清单与计价表的计算，详见表 15-4。根据工程量、综合单价，计算出合价、人工费、机械费、暂估价，填入表 15-4。

表 15-4 室外附属及构筑物工程量清单与计价表

序号	项目编号	项目名称	项目特征描述	计量单位	工程量	金额/元				
						综合单价	合价	其中		
								人工费	机械费	暂估价
1	07B001	室外砖砌暗沟	1. 面层：20 厚 1:3 水泥砂浆粉光 2. 砂浆种类：M5 水泥砂浆砌砖 3. 某些方面垫层：100 厚 C10 混凝土垫层 4. 图集做法：详见西南 11J812-2a/3	m						
		合 计								

注：合价＝综合单价×数量

人工费＝单价×数量

机械费＝单价×数量

人工费、机械费的单价：表 15-3 人工费、机械费中的合价。

6. 完成室外附属及构筑物工程的规费、税金项目（暂不计算）计价表的计算，填入表 15-5。

表 15-5 室外附属及构筑物工程规费、税金项目计价

序号	工程名称	计算基础	计算基数	计算费率	金额/元
1	规 费				
1.1	社会保险费、住房公积金、残疾人保证金	工程人工费＋措施项目人工费		％	
1.2	危险作业意外伤害			％	
1.3	工程排污费	暂不计算			
2	税 金	暂不计算			
	合 计				

注1：调整的人工费用差额不作为计取其他费用（规费）的基础，仅计算税金。

注2：工程排污费按工程用水量×水的单价计算。

7. 完成室外附属及构筑物工程其他项目计价表的计算，详见表 15-6。根据实际情况，逐项填写，未发生的项目不计算、不填写。

表 15-6 室外附属及构筑物工程其他项目计价表

序号	工程名称	金额/元	结算金额/元	备 注
1	暂列金额			
2	暂估价			
2.1	材料（工程设备）暂估价/结算价			

续表

序号	工程名称	金额/元	结算金额/元	备 注
2.2	专业工程暂估价/结算价			
3	计日工			
4	总承包服务费			
5	其 他			
5.1	人工费调差	×15%		
5.2	机械费调差			
5.3	风险费			
5.4	索赔与现场签证			
	合 计			

8. 完成该室外附属及构筑物工程招标控制价表的计算,详见表 15-7。本表的计算,有的项目可以直接抄录有关表格的数据,如人工费、材料费、机械费、管理费和利润;有的项目则需要进行计算,将结果填入表 15-7。

表 15-7 室外附属及构筑物工程招标控制价/投标报价汇总表

序号	费用名称	计算基数或计算表达式	费率计算标准	费用金额/元
1	分部分项工程费	(1.1+1.2+1.3+1.4+1.5)		( )
1.1	人工费	$(R)=$		
1.2	材料费	$(C)=(1.2.1+1.2.2)$		
1.2.1	除税材料费	定额材料费×0.912	×0.912	
1.2.2	市场价格材料费			
1.3	设备费	(S)		
1.4	机械费	$(J)=$		
1.4.1	除税机械费	$(J)=$		
1.5	管理费和利润	$(R+J×0.08)×53\%$	53%	
2	措施项目费	$(2.1.1+2.1.2+2.1.3+2.1.4+2.1.5+2.2+2.1.2.1+2.1.3+2.2)$		
2.1	单价措施项目			
2.1.1	人工费			
2.1.2	材料费	$(C)=(2.1.2.1+2.1.2.2)$		
2.1.2.1	除税材料费			
2.1.2.2	市场价格材料费			
2.1.3	机械费			
	除税机械费			

序号	费用名称	计算基数或计算表达式	费率计算标准	费用金额/元
2.1.4	管理费和利润			
2.1.5	大型机械进出场费			
2.2	总价措施项目费	$(R+J\times0.08)\times7.95\%$	$(2+5.95)\%$	
2.2.1	安全文明施工费	$(R+J\times0.08)\times$ %		
2.2.2	其他总价措施项目费	$(R+J)\times$ %	%	
3	其他项目费	$(3.1+3.2+3.3+3.4+3.5)$		
3.1	暂列金额			
3.2	专业工程暂估价			
3.3	计日工			
3.4	总承包服务费			
3.5	其他	$(3.5.1+3.5.2+3.5.3)$		
3.5.1	人工费调差	定额人工费×15%	15%	
3.5.2	材料费价差			
3.5.3	机械费价差			
4	规费			
	税前工程造价	$(1+2+3+4)$		
5	税金	$(1+2+3+4)\times$ %		
6	招标控制价/投标报价合计=1+2+3+4+5			

本表由学生计算完成,作为实训报告。

注1:税前工程造价,是指工程造价的各组成要素价格不含增值税(即可抵扣的进项税税额)的全部价款,即人工费、材料费(计价材费+未计价材费)、机械费和各种费用中扣除相应进项税税额后计算的价款。

注2:除税计价材料费计算:

除税计价材料费=单价定额工程量×计价材料费单价×0.912

按市场价采购的材料费=单价定额工程量×计价材料费单价

注3:增值税综合税金费率为:$\begin{cases}市区:11.36\%\\县城/镇:11.30\%\\其他地区:11.18\%\end{cases}$ 营业税综合税金费率为:$\begin{cases}市区:3.48\%\\县城/镇:3.41\%\\其他地区:3.28\%\end{cases}$

项目 16　措施项目费造价计算实训

16.1　措施项目费工程实训资料

已知图 16-1 为某高层建筑示意图，框剪结构，女儿墙高度为 1.8 m，由某总承包公司承包，施工组织设计中，垂直运输，采用自升式塔式起重机及单笼施工电梯，外脚手架采用升降脚手架。图 16-2 为该建筑物顶层电梯间的现浇混凝土及钢筋混凝土柱梁板结构图，层高 3.0 m，板厚 120 mm，其中该电梯间柱梁板的模板单列，不计入混凝土实体项目综合单价，采用组合钢模板。

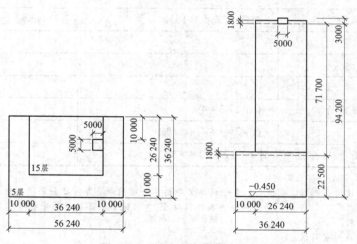

图 16-1　某高层建筑示意图

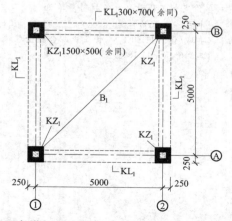

图 16-2　顶层电梯间现浇混凝土和钢筋混凝土柱梁板结构示意图

16.2 实训目的要求

1. 熟悉措施项目费中单价措施项目的清单工程量计算的方法步骤。
2. 熟悉单价措施项目某省相关消耗量定额表的应用。
3. 熟悉措施项目费清单与计价表的计算方法。
4. 要求完成单价措施项目的综合单价分析表的计算。
5. 要求完成措施项目费中各种费用的计算。
6. 完成措施项目工程项目的造价计算。

16.3 实训方法步骤

1. 措施项目费中单价措施项目清单工程列项,详见表 16-1。
（1）脚手架工程。
外脚手架：011701002001（清单与定额计算方法相同）。
（2）混凝土模板及支架。
① 矩形柱：011702002001（清单与定额计算方法相同）。
② 矩形梁：011702006001（清单与定额计算方法相同）。
③ 板：011702014001（清单与定额计算方法相同）。
（3）垂直运输。
① 垂直运输（檐高 22.5 m 以内）：011703001001（清单与定额计算方法相同）。
② 垂直运输（檐高 94.2 m 以内）：011703001002（清单与定额计算方法相同）。
（4）超高施工增加。
超高施工增加：011704001001（清单与定额计算方法相同）。
2. 单价措施项目清单工程量计算,详见表 16-1。

表 16-1 措施项目费工程量计算表

序号	项目编号	项目名称	计算式	单位	数量
1	011701002001	外脚手架	$S = S_1 + S_2 = 4\ 494.53 + 8\ 959.63 = 13\ 454.16\ (\text{m}^2)$ 其中： $S_1 = (56.24 + 36.24) \times 2 \times (22.5 + 1.8) = 4\ 494.53\ (\text{m}^2)$ $S_2 = (36.24 + 26.24) \times 2 \times 71.7 = 8\ 959.63\ (\text{m}^2)$	m²	13 454.16
2	011702002001	混凝土模板及支架矩形柱	$S = 4 \times (3 \times 0.5 \times 4 - 0.3 \times 0.7 \times 2 - 0.2 \times 0.12 \times 2) = 22.13\ (\text{m}^2)$	m²	22.13
3	011702006001	混凝土模板及支架矩形梁	$S = [(5 - 0.5) \times (0.7 \times 2 + 0.3)] - 4.5 \times 0.12 \times 4 = 28.44\ (\text{m}^2)$	m²	28.44
4	011702014001	混凝土模板及支架板	$S = (5.5 - 2 \times 0.3) \times (5.5 - 2 \times 0.3) - 0.2 \times 0.2 \times 4 = 23.85\ (\text{m}^2)$	m²	23.85

序号	项目编号	项目名称	计算式	单位	数量
5	011703001001	垂直运输（檐高22.5 m以内）	$S=(56.24\times36.24-36.24\times26.24)\times5=5\,436.00\,(m^2)$	m²	5 436.00
6	011703001002	垂直运输（檐高94.2 m以内）	$S=26.24\times36.24\times5+36.24\times26.24\times15+5\times5$ $=19\,043.75\,(m^2)$	m²	19 043.75
7	011704001001	超高施工增加	$S=36.24\times26.24\times14+5\times5=13\,338.13\,m^2$	m²	13 338.13

3. 选择计价依据。

根据某省《房屋建筑与装饰工程消耗量定额》表中措施项目的工程相关消耗量定额表，查出措施项目工程相关消耗量定额的人工费、材料费、机械费的单价，如表16-2所示，并填入表16-2。在表16-2的机械费栏目中分为机械费（含税价）及机械费（除税价）两栏。机械费（除税价）在（×建标〔2016〕207号文）的附件2中查询。

表16-2　某省措施项目相关消耗量定额表

定额编号			01150154	01150270	01150279	01150294	01150473	01150480	01150534
项目名称			附着式升降脚手架	矩形柱 组合钢模板	单梁连续梁 组合钢模板	有梁板 组合钢模板	现浇框架结构 檐口高度m（层数）以内 30(10)	现浇框架结构 檐口高度m（层数）以内 100(31)	檐高（层数）以内 100 m(31)
单　位			100 m²	100 m²	100 m²	100 m²	100 m²	100 m²	100 m²
基价/元			5 357.45	3 392.68	3 742.47	3 506.02	3 858.69	6 671.02	7 326.24
其中	人工费		1 842.94	2 239.06	2 709.28	2 322.04	123.22	381.17	5 313.67
	材料费		3 425.10	935.39	783.39	874.22	—	—	—
	机械费（含税价）		89.41	218.25	249.80	309.76	3 735.47	6 289.85	1 768.03
	机械费（除税价）		79.21	194.00	222.06	275.34	3 389.39	5 672.25	1 840.72
	名　称	单位	单价/元			数　量			
材料	焊接钢管φ48×3.5	t·天	—	(42.550)	(69.849)	(145.256)	(121.339)		
	直角扣件	百套·天	—	(242.720)	(107.610)	(223.781)	(186.935)		
	对接扣件	百套·天	—	(39.610)	(19.993)	(41.577)	(34.731)		
	回转扣件	百套·天	—	—	(6.174)	(12.840)	(10.726)		
	底　座	百套·天	—	(2.680)	(3.264)	(6.787)	(5.669)		
	镀锌铁丝8#	kg	5.80	4.980	—	16.070	22.140		
	爬升装置及架体	套/月	750.00	4.340					
	木材（综合）	m³	1780.00	0.015					

	名　称	单位	单价/元	数　量						
材料	木脚手板	m³	1780.00	0.060	—	—	—	—	—	—
	钢丝绳 φ8.0	kg	9.55	0.150	—	—	—	—	—	—
	铁月份钉	kg	7.00	0.580	—	—	—	—	—	—
	其他材料费	元	1.00	2.220	—	—	—	—	—	—
	组合钢模板综合	m²·天	—	—	(1 644.000)	(2 238.789)	(2 085.658)	—	—	—
	模板板枋材	m³	1230.00	—	0.064	0.017	0.066	—	—	—
	支撑方木	m³	1238.00	—	0.182	0.029	0.193	—	—	—
	零星卡具	kg	7.80	—	66.740	41.100	32.250	—	—	—
	铁钉圆钉（各种）综合规格	kg	5.30	—	1.800	0.470	1.700	—	—	—
	胶带纸	m²	1.60	—	6.500	6.500	6.500	—	—	—
	隔离剂	kg	6.50	—	10.000	10.000	10.000	—	—	—
	水泥砂浆 1:2	m³	322.48	—		0.012	0.007	—	—	—
	梁柱卡具	kg	6.50	—		26.190	5.460	—	—	—
	镀锌铁丝 22#	kg	6.55	—		0.180	0.180	—	—	—
	尼龙帽	个	1.50	—		37.000	—	—	—	—
机械	载重汽车装载质量 6 t	台班	425.77	0.190	0.280	0.330	0.420	—	—	—
	汽车式起重机 8 t	台班	601.19	—	0.162	0.180	0.216	—	—	—
	木工圆锯机 500 mm	台班	27.02	—	0.060	0.040	0.040	—	—	—
	自升式塔式起重机 800 kN·m	台班	527.59	—	—	—	—	2.891	—	—
	电动单筒快速卷扬机（综合）	台班	202.34	—	—	—	—	9.640	12.502	—
	单笼施工电梯 75 m	台班	259.38	—	—	—	—	0.960	—	—
	无线电调频对话机 C15	台班	5.54	—	—	—	—	1.922	6.160	—
	自升式塔式起重机 1 250 kN·m	台班	669.70	—	—	—	—	—	3.979	—
	双笼施工电梯 130 m	台班	344.59	—	—	—	—	—	3.080	—
	电动多级离心清水泵 φ100 mm 扬程 180 m 以下	台班	345.33	—	—	—	—	—	—	4.385
	其他机械费	元	1.00	—	—	—	—	—	—	498.295

30 m 以内双排钢管架机械台班费计算 = 除税台班价 × 台班数量

$$= 377.21 \times 0.170 = 64.13（元）$$

110 m 以内双排钢管架机械台班费计算 = 除税台班价 × 台班数量

$$= 377.21 × 0.200 = 75.44（元）$$

矩形柱组合钢模板机械台班费计算 = 除税台班价 × 台班数量

$$= 377.21 × 0.280 + 536.93 × 0.162 + 23.39 × 0.060$$
$$= 194.00（元）$$

矩形梁组合钢模板机械台班费计算 = 除税台班价 × 台班数量

$$= 377.21 × 0.330 + 536.93 × 0.180 + 23.39 × 0.040$$
$$= 222.06（元）$$

板组合钢模板机械台班费计算 = 除税台班价 × 台班数量

$$= 377.21 × 0.420 + 536.93 × 0.216 + 23.39 × 0.040$$
$$= 275.34（元）$$

垂直运输（檐高 30 m 以内）机械台班费计算 = 除税台班价 × 台班数量

$$= 472.71 × 2.891 + 185.47 × 9.640 + 233.55 ×$$
$$0.960 + 5.54 × 1.922$$
$$= 3\ 389.39（元）$$

垂直运输（檐高 100 m 以内）机械台班费计算 = 除税台班价 × 台班数量

$$= 185.47 × 12.502 + 5.54 × 6.160 + 595.65 ×$$
$$3.979 + 308.21 × 3.080$$
$$= 5\ 672.25（元）$$

超高施工增加（檐高 100 m 以内）机械台班费计算 = 除税台班价 × 台班数量

$$= 306.14 × 4.385 + 498.295$$
$$= 1\ 840.72（元）$$

注：2016 年 5 月 1 日前签订工程合同或已经开工的工程项目，可以按营改增之前的计算方法计算；2016 年 5 月 1 日后签订工程合同的工程项目，必须按营改增的方法计算。即机械台班费按除税台班价计算。

4. 单价措施项目综合单价分析表的计算。根据表 16-2 查出项目定额单位以及人工费、材料费、机械费的单价，分别填入表 16-3（表 16-2 的单位与表 16-3 不同，填入时要注意工程量清单的单位与定额单价的统一性）。单价措施项目综合单价分析计算在表中人、材、机的相应单价栏内，并计算出单价措施项目的人工费、材料费、机械台班费的合价、管理费和利润、综合单价，详见表 16-3。

表 16-3 措施项目费工程综合单价分析表

编号	项目编码	项目名称	计量单位	工程量	清单综合单价组成明细												
					定额编号	定额名称	定额单位	数量	单价/元			未计价材料费	合价/元				综合单价
									基价				人工费	材料费+未计价材料费	机械费	管理费和利润	
									人工	材料费	机械费						
1	011701 002001	外脚手架	m²	13454.16	0115 0154	附着式升降脚手架	100 m²	0.010	1 842.94	3 425.10	79.21	41 266.00	18.43	34.25 + 412.66	0.79	9.80	475.93

编号	项目编码	项目名称	计量单位	工程量	清单综合单价组成明细										
					定额编号	定额名称	定额单位	数量	单价/元			未计价材料费	合价/元				综合单价
									基价				人工费	材料费+未计价材料费	机械费	管理费和利润	
									人工	材料费	机械费						
2	011702002001	混凝土模板及支架矩形柱	m²	22.13	01150270	矩形柱组合钢模板	100 m²	0.010	2 239.06	35.39	194.00	36 950.12	22.39	0.35 + 369.50	1.94	11.95	406.13
3	011702006001	混凝土模板及支架矩形梁	m²	28.44	01150279	单梁连续梁组合钢模板	100 m²	0.010	2 709.28	783.39	222.06	52 059.84	27.09	7.83 + 520.60	2.22	14.45	572.19
4	011702014001	混凝土模板及支架板	m²	23.85	01150294	有梁板组合钢模板	100 m²	0.010	2 322.04	874.22	275.34	48 013.36	23.22	8.74 + 480.13	2.75	12.42	527.26
5	011703001001	垂直运输（檐高22.5m以内）	m²	5 436.00	01150473	垂直运输檐高30 m以内	100 m²	0.010	123.22	—	3389.39	—	1.23	—	33.89	2.09	37.21
6	011703001002	垂直运输（檐高94.2m以内）	m²	19 043.75	01150480	垂直运输檐高100 m以内	100 m²	0.010	381.17	—	5672.25	—	3.81	—	56.72	4.42	64.95
7	011704001001	超高施工增加	m²	13338.13	01150534	超高施工增加檐高100 m以内	100 m²	0.010	5 313.67		1840.72		53.14		18.41	28.94	100.49
					小　计												

注 1：外脚手架按焊接钢管租赁价格 3.00 元/(t·天)；钢管扣件、底座租赁价格均为 1.00 元/(百套·天)；计划工期 100 天计算。

注 2：模板及支架按焊接钢管租赁价格 3.00 元/(t·天)，钢管扣件、底座租赁价格均为 1.00 元/(百套·天)，综合组合钢模板租赁价格 3.00 元/(t·天)，支模天数按 7 天计算。

注 3：合价 = 单价 × 数量

管理费和利润 = (人工费 + 机械费 × 0.08) × (0.33 + 0.20)

综合单价 = 人工费 + 材料费 + 机械费 + 管理费和利润

$$综合单价 = \frac{\sum 人工合价 + \sum 材料合价 + \sum 机械合价 + \sum 管理费和利润}{清单工程量}$$

注 4：增值税后除税的计价材料费计算公式：

除税的计价材料费（包括计价材费和未计价材费）

除税计价材料费 = 定额基价中的材料费 × 0.912

（已按当期市场价格进行调整的计价材料费不得再计算此系数）

外脚手架包括钢管架 30 m 以内和钢管架 110 m 以内两个定额项，定额项的工程量为：

钢管架 30 m 以内 = 4 494.53 ÷ 13 679.09 ÷ 100 = 0.003

钢管架 110 m 以内 = 9 184.56 ÷ 13 679.09 ÷ 100 = 0.007

5. 单价措施项目清单与计价表的计算。根据工程量、综合单价，计算出合价、人工费、机械费、暂估价，详见表 16-4。

表 16-4　措施项目费工程量清单与计价表

序号	项目编码	项目名称	项目特征描述	计量单位	工程量	金额/元				
						综合单价	合价	其　中		
								人工费	机械费	暂估价
1	011701002001	外脚手架	1. 搭设方式：双排 2. 搭设高度：96.0 m 3. 脚手架材质：钢管架	m²	13 454.16	475.93	6 403 238.37	247 960.17	10 628.79	

序号	项目编号	项目名称	项目特征描述	计量单位	工程量	金额/元				
						综合单价	合价	其中		
								人工费	机械费	暂估价
2	011702002001	混凝土模板及支架矩形柱	1. 柱截面：500 mm×500 mm 2. 柱高：3 m	m²	22.13	406.13	8 987.66	495.49	42.93	
3	011702006001	混凝土模板及支架矩形梁	1. 梁截面：300 mm×700 mm 2. 支撑高度：2.3 m	m²	28.44	572.19	1 627 308	770.44	63.14	
4	011702014001	混凝土模板及支架板	支撑高度：2.9 m	m²	23.85	527.26	12 575.15	553.80	65.59	
5	011703001001	垂直运输（檐高22.5 m 以内）	1. 现浇框架结构 2. 裙楼檐口高度：22.5 m 3. 裙楼层数：5 层	m²	5 436.00	37.21	202 273.56	6 686.28	184 226.04	
6	011703001002	垂直运输（檐高94.2 m 以内）	1. 现浇框架结构 2. 主楼檐口高度：94.2 m 3. 裙楼层数：15 层	m²	19 043.75	64.95	1 236 891.56	72 556.69	1 080 161.50	
7	011704001001	超高施工增加	1. 现浇框架结构 2. 主楼檐口高度：94.2 m 3. 裙楼层数：15 层	m²	13 338.13	100.49	1 340 348.68	708 788.23	245 554.97	
	合 计						10 831 622.98	1 037 811.1	1 520 742.96	

注：合价＝综合单价×数量

人工费＝单价×数量

机械费＝单价×数量

人工费、机械费的单价：表 16-②表 16-3 人工费、机械费中的合价。

6. 已知某高层建筑根据招标文件及分部分项工程量清单、某省 2013 版工程造价计价依据以及现行的人、材、机单价，计算出以下分部分项工程直接费：分部分项工程费中的人工费 14 208 000 元，材料费 53 848 000 元（其中计价材费 13 702 640 元，未计价材费 40 145 360元），除税机械费 5 608 000 元。招标文件载明暂列金额应计 100 000 元，专业工程暂估价50 000 元。总价措施项目应计算安全文明施工费、其他措施费。工程排污费计 10 000 元。完成该工程招标控制价表的计算，详见表 16-5。本表的单价措施项目可以直接抄录上面有关表格的数据，如人工费、材料费、机械费、管理费和利润；但有的项目则需要进行计算，将结果填入表 16-5。

表 16-5　措施项目费工程招标控制价/投标报价汇总表

序号	费用名称	计算基数或计算表达式	费率计算标准	费用金额/万元
1	分部分项工程费	(1.1+1.2+1.3+1.4+1.5)		
1.1	人工费	$(R)=142.08$		
1.2	材料费	$(C)=(1.2.1+1.2.2)$		

续表

序号	费用名称	计算基数或计算表达式	费率计算标准	费用金额/万元
1.2.1	除税材料费	定额材料费×0.912 = 1 370.264×0.912	0.912	
1.2.2	市场价材料费			
1.3	设备费	(S)		—
1.4	机械费	$(J)=$		
	除税机械费	$(J)=560.80$		
1.5	管理费和利润	$(R+J×0.08)×53\%$	53%	
2	措施项目费	$(2.1+2.2)$		
2.1	单价措施项目	(查表16-4)		
2.1.1	人工费	81.24(查表16-4)		
2.1.2	除税材料费	定额材料费×0.912 = 46.12×0.912	0.912	
	市场价材料费			
2.1.3	机械费	(查表16-4)		
	除税机械费	(查表16-4)		
2.1.4	管理费和利润	$(81.24+151.59×0.08)×53\%$	53%	
2.2	总价措施项目费	$(2.2.1+2.2.2)$		
2.2.1	安全文明施工费	$(R+J×0.08)×15.65\%$	15.65%	
2.2.2	其他总价措施项目费	$(R+J×0.08)×5.95\%$	5.95%	
3	其他项目费	$(3.1+3.2+3.3+3.4+3.5)$		
3.1	暂列金额	10		
3.2	专业工程暂估价	5		
3.3	计日工	—		—
3.4	总承包服务费			—
3.5	其 他	$(3.5.1+3.5.2+3.5.3)$		—
3.5.1	人工费调差	(工程+措施)人工费×15% = (142.08+81.24)×15%	15%	
3.5.2	机械费调差	—		
3.5.3	风险费	—		

续表

序号	费用名称	计算基数或计算表达式	费率计算标准	费用金额/万元
4	规 费			
4.1	社保费住房公积金及残保金	$(1.1+2.1.1)\times26\%$	26%	
4.2	危险作业意外伤害保险	$(1.1+2.1.1)\times26\%$	1%	
	税前工程造价	$(1+2+3+4)$		
5	税 金	$(1+2+3+4)\times11.36\%$	11.36%	
6	招标控制价/投标报价合计 $=1+2+3+4+5$			

本表由学生按实训报告完成。

注 1：税前工程造价，是指工程造价的各组成要素价格不含增值税（即可抵扣的进项税税额）的全部价款，即人工费、材料费（计价材费＋未计价材费）、机械费和各种费用中扣除相应进项税税额后计算的价款。

注 2：除税计价材料费计算：

除税计价材料费 ＝ 单价定额工程量×计价材料费单价×0.912

按市场价采购的材料费 ＝ 单价定额工程量×计价材料费单价

注 3：增值税综合税金费率为：$\begin{cases}市区：11.36\%\\县城/镇：11.30\%\\其他地区：11.18\%\end{cases}$ 营业税综合税金费率为：$\begin{cases}市区：3.48\%\\县城/镇：3.41\%\\其他地区：3..28\%\end{cases}$

参考文献

[1] 住建部. GB 50854—2013 房屋建筑与装饰工程工程量计算规范[S]. 北京：中国计划出版社，2013.

[2] 住建部. GB 50500—2013 建设工程工程量清单计价规范[S]. 北京：中国计划出版社，2013.

[3] 云南省住建厅. DBJ53/T-61—2013 云南省房屋建筑与装饰工程消耗量定额上册[M]. 昆明：云南科技出版社，2013.

[4] 云南省住建厅. DBJ53/T-61—2013 云南省房屋建筑与装饰工程消耗量定额下册[M]. 昆明：云南科技出版社，2013.

[5] 云南省住建厅. DBJ53/T-61—2013 云南省通用安装工程消耗量定额公共篇[M]. 昆明：云南科技出版社，2013.

[6] 云南省住建厅. DBJ53/T-58—2013 云南省建设工程造价计算规则及机械仪器用表台班费用定额[M]. 昆明：云南科技出版社，2013.

[7] 夏友福，孙俊兰. 房屋建筑与装饰工程计量与计价[M]. 成都：西南交通大学出版社. 2016.

[8] 莫南明，解永明. 建筑安装工程计量与计价务实[M]. 昆明：云南科技出版社，2015.

[9] 朱裕宽，蒋智生. 建筑安装工程定额与造价确定[M]. 昆明：云南科技出版社，2015.

[10] 冯焕芹，廖先元，张绍奎. 建筑工程计量与计价[M]. 北京：航空工业出版社，2015.

[11] 规范编制组. 建筑工程计价计量规范辅导[M]. 北京：中国计划出版社，2013.

[12] 张建平. 建筑工程计价[M]. 4 版. 重庆：重庆大学出版社，2014.

[13] 张建平，尹贻林. 工程估价[M]. 3 版. 北京：科技出版社，2014.

[14] 唐小林，吕奇光. 建筑工程计量与计价[M]. 重庆：重庆大学出版社，2014.

[15] 袁建新. 建筑工程计量与计价[M]. 重庆：重庆大学出版社，2014.

[16] 黄伟典，张玉敏. 建筑工程计量与计价[M]. 大连：大连理工大学出版社，2014.

[17] 马楠. 建筑工程计量与计价[M]. 北京：科学出版社，2014.

[18] 冯焕芹，廖先元，张绍奎. 建筑工程计量与计价. 北京：航空工业出版社，2015.

[19] 周鹏，懂爱卉. 建筑工程计量与计价[M]. 上海：上海交通大学出版社，2015.